ARBEITSMETHODEN
DER MODERNEN
NATURWISSENSCHAFTEN

REFRAKTOMETRISCHES HILFSBUCH

begründet von W. A. ROTH † und F. EISENLOHR

neubearbeitet von

DR. FRITZ EISENLOHR
früher Professor der Chemie an der Universität Königsberg

DR. FRITZ LÖWE
Abteilungsleiter im Zeißwerk u. Lehrbeauftragter an der Universität Jena

2., verbesserte Auflage
mit 35 Abbildungen

1952

WALTER DE GRUYTER & CO.
vormals G. J. Göschen'sche Verlagshandlung / J. Guttentag, Verlagsbuchhandlung / Georg Reimer / Karl J. Trübner / Veit & Comp.
BERLIN W 35

vorm. G. J. Göschen'sche Verlagshandlung · J. Guttentag, Verlagsbuchhandlung · Georg Reimer · Karl J. Trübner · Veit & Comp.
Berlin W 35
Archiv-Nr 529952 Printed in Germany
Satz und Druck: Thormann & Goetsch, Berlin SW 61

VORWORT

Das Fehlen des Roth-Eisenlohr'schen Refraktometrischen Hilfsbuches, mit dessen Anregung unser jüngst verstorbener Kollege W. A. Roth sich seinerzeit ein entschiedenes Verdienst erworben hat, ist lange als Mangel empfunden worden, insbesondere in den Laboratorien, deren Leiter mit der verhältnismäßig einfachen Technik der Messung der Farbenzerstreuung von Flüssigkeiten vertraut waren und die Bedeutung dieser Werte für ihre Betriebskontrolle erkannt hatten. Schon vor vielen Jahren regte Dr. Max Furter, der damalige Leiter des wissenschaftlichen Laboratoriums der Firma Hoffmann, La Roche & Co. in Basel eine Neuauflage des Refraktometrischen Hilfsbuches an und war bereit, den chemischen Teil völlig neu zu bearbeiten, da die Herren Roth und Eisenlohr in andere Aufgaben eingespannt waren. Mit Dr. Löwe kam es zu einer gemeinsamen Planung, die leider dadurch nicht zustande kam, daß Dr. Furter zu Hoffmann-La Roche & Co. in New-Jersey berufen wurde und so leider auf eine Mitarbeit am Refraktometrischen Hilfsbuch verzichten mußte. Jedenfalls sei Herrn Dr. Furter an dieser Stelle für sein Interesse und vielfache Hinweise herzlich gedankt. Glücklicherweise konnte nun der Erst-Unterzeichnete (E.) dem neuen Rufe des Verlags folgen, obwohl seine Vorarbeiten durch die Kriegsereignisse zum Teil verloren gegangen sind. Da er (E.) auf Grund seiner jahrzehntelangen Erfahrungen den seinerzeit bearbeiteten Stoff als richtig behandelt erkannte, wurde für die Neuauflage der alte bewährte Rahmen beibehalten.

Die physikalischen Abschnitte I—IV wurden z. T. gekürzt, z. T. erweitert. (Bearbeiter Löwe). Gestrichen mußte die Behandlung derjenigen Refraktometerformen werden, die durch neuere ersetzt und dadurch aus den Laboratorien verschwunden sind: die Urform des Pulfrich'schen Refraktometers mit dem besonders für die Messung von Kristallen geeigneten, schwer herzustellenden Zylinder und die heute überholten Konstruktionen der Firma Heele.

So wurde Platz für eine ausführlichere Behandlung des „neuen" Pulfrich'schen Refraktometers und seiner ausländischen Geschwister gewonnen. Neu aufgenommen wurden die Abbe'schen Refraktometer der Firmen Carl Zeiß, Jena, Zeiß-Opton, Oberkochen, R. Fuess, Berlin, und Bellingham & Stanley, London, und schließlich die einzige Konstruktion eines heizbaren Spektrometers: das Eijkmann-Leiss'sche Spektrometer der Firma Fuess, Berlin.

Die chemischen Abschnitte V—VIII wurden mit zeitgemäßen Änderungen und Zusätzen ausgestattet. (Bearbeiter Eisenlohr). Der Küster-Thiel'schen Tafel der fünfziffrigen Mantissen zu den Logarithmen der vierziffrigen Zahlen in einer Tasche am Ende des Buches wurde die bewährte Tabelle der Logarithmen von $\frac{n^2-1}{n^2+1}$ in derselben Tasche beigefügt.

Auf die ausführliche Behandlung von Berechnungsbeispielen wurde aus didaktischen Gründen im physikalischen und im chemischen Teile besonderer Wert gelegt.

Die aktuelle Wertschätzung der Kombination von Brechungsindex und Dichte für die Konstitutionsforschung wurde den Verfassern durch moderne Veröffentlichungen auch aus der Schweiz und den USA. bestätigt.

Jena, im Mai 1952

Fritz Eisenlohr
Fritz Löwe

INHALT

I. Einleitung

A. Zweck und Ziel des refraktometrischen Hilfsbuchs

Der Brechungsindex ist nicht allein eine bequem und genau bestimmbare Konstante, die zur Identifizierung und Charakterisierung einer Flüssigkeit dienen kann, sondern diese Zahl kann, in Kombination mit dem spezifischen Gewicht, weitergehende Aufschlüsse geben über die Zusammensetzung sowie die Konstitution der gemessenen Substanz.

Während jeder Brechungsindex von der Temperatur abhängt und somit, solange nicht eine bestimmte Temperatur für die Messung vorgeschrieben ist, in gewissen Grenzen ein Zufallswert ist, der keinen weitergehenden Vergleich mit den Konstanten anderer Körper erlaubt, muß eine zur Bestimmung der Zusammensetzung und der Konstitution zu verwendende Zahl von der Temperatur unabhängig, also eine absolute Konstante des Körpers sein. Da das spezifische Gewicht d und der Brechungsindex n bei Flüssigkeiten von der Temperatur in gleichem Sinne verändert werden, hat man sie schon früh kombiniert, um einen von der Versuchstemperatur unabhängigen Ausdruck zu erhalten. Näheres darüber findet man in Abschnitt VI.

Von den vielen Ausdrücken, die man gebildet hat, ist jetzt wohl ausschließlich der folgende theoretisch begründete in Gebrauch: die „spezifische Refraktion"

$$\frac{n^2 - 1}{n^2 + 2} \cdot \frac{1}{d},$$

und nach der Multiplikation mit dem Molekulargewicht M, die „Molekularrefraktion"

$$\frac{n^2 - 1}{n^2 + 2} \cdot \frac{M}{d},$$

Wie man die Differenz der Brechungsindices für zwei verschiedene Lichtarten die „Dispersion" des Körpers nennt, bezeichnet man die Differenz zweier Molekularrefraktionen als „Molekulardispersion" des Körpers; auch dieser Ausdruck findet weitgehende Verwendung. In diesem Hilfsbuche wird gezeigt, wie man n und d bestimmt, wie man zu den Molekularrefraktionen und -dispersionen gelangt, wie man sie zur Bestimmung der Zusammensetzung und Konstitution benutzen kann und welche Genauigkeit man anstreben muß, um mit Erfolg zu arbeiten.

Die Tabellen erleichtern die Berechnung der Refraktionskonstanten aus den beobachteten Daten und die Berechnung der theoretischen Werte.

B. Die Dispersion und ihre Ursache·

Wie der Brechungsindex n, so kann auch die Dispersion, d. h. die Differenz zweier Brechungsindices, z. B. für violettes und rotes Licht einen Körper charakterisieren und in Verbindung mit der Dichte Absolutwerte liefern, die von der Temperatur unabhängig sind und weitgehende Aufschlüsse über die Konstitution geben. Daß die Dispersion für ähnliche Körper ähnlich ist und in hohem Maße von der Konstitution abhängt, zeigt folgende Zusammenstellung, in welcher n_γ den Brechungsindex für die violette ($\lambda_{G'} = 434$ mμ) und n_α den Index für die rote Linie des Wasserstoffspektrums ($\lambda_C = 656$ mμ) bedeutet. Die Daten beziehen sich meist auf 20°.

Tabelle I.

Substanz (gesättigt) $n\gamma - n\alpha$	Substanz (ungesättigt) $n\gamma - n\alpha$	Aromatische Körper 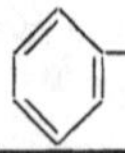 $n\gamma - n\alpha$
Wasser 0,0092	—	—
Äthylalkohol ... 0,0096	—	—
n-Butylalkohol . 0,0106	Allylalkohol ... 0,0150	—
Pentan 0,0075	Amylen 0,0126	Benzol 0.0269
Äthylacetat 0,0100	Äthylcrotonat . 0,0170	Äthylbenzonat 0,0268
Äthylalkohol ... 0,0096	—	Äthylbenzol ... 0,0248
Äthylmerkaptan 0,0168	Allylsulfid 0,0225	—
Äthylbromid ... 0,0153	Allylbromid ... 0,0213	Brombenzol ... 0,0319

Man sieht, wie Doppelbindungen und die Einführung von S oder Br in das Molekül die Dispersion erhöhen. Scharf heben sich die Benzolderivate von den anderen Substanzen ab, ganz gleich, welches Atom oder Radikal mit der Gruppe zu C_6H_5 vereinigt wird.

Bei der theoretischen Ableitung des im vorigen Abschnitt S. 1 angeführten Ausdruckes für die Molekularrefraktion $\frac{n^2-1}{n^2+2}\cdot\frac{M}{d}$ ist nun auf den von der Dispersion freien Brechungsindex für unendlich lange Wellen Bezug genommen (vgl. S. 96ff).

Die Dispersion und die Molekulardispersion:

$$\left(\frac{n_\gamma{}^2-1}{n_\gamma{}^2+2}-\frac{n_\alpha{}^2-1}{n_\alpha{}^2+2}\right)\frac{M}{d},$$

wo n_γ den Index für Violett, n_α denjenigen für Rot bedeutet, kommt also in jener Ableitung gar nicht vor; der Molekulardispersion fehlt also streng genommen der theoretische Hintergrund, der der Molekularrefraktion für Rot, als den längsten Wellen des sichtbaren Spektrums noch etwas Folie gibt. Und trotzdem hilft uns die Molekulardispersion bei der Konstitutionsbestimmung! Wie ist dieser Widerspruch zu erklären ?

Zu dem Ende muß man auf die Ursache der Dispersion zurückgehen, die wir kurz skizzieren; betr. der Einzelheiten sei auf die Lehrbücher der Physik verwiesen (z. B. F. W. G. Kohlrausch, Lehrbuch der praktischen Physik, Teubners Verlag Leipzig-Berlin, 19. Aufl. (1950) — C. E. H. Grimsehl, Lehrbuch der Physik ebenda, Bd. 2, 12. Aufl. (1951) — R. W. Pohl, Einführung in die Optik, Springer-Verlag Berlin, Heidelberg, Göttingen (1948). Alle Substanzen haben die Eigenschaft, Licht von gewissen, sehr kurzen Wellenlängen im Ultraviolett zu absorbieren. Den Grund dazu sieht man darin, daß die „Eigenschwingungen" der Atome oder Moleküle, die wir uns ja äußerst beweglich zu denken haben, die gleiche Schwingungsperiode besitzen, wie jene Lichtwellen. Die Lichtwellen werden also dazu verbraucht, die kleinsten Bausteine des Moleküls in Bewegung zu setzen; sie werden absorbiert. Jedes Atom oder jede Atomgruppe spricht auf andere Lichtwellen an, hat also ein anderes Gebiet der Eigenschwingung und der Absorption.

Daß auch im Ultrarot, also bei extrem langen Wellen, solche Gebiete vorhanden sein können, ist für uns hier ohne Belang, da sie das sichtbare Gebiet nicht merklich beeinflussen, wie es die ultravioletten Absorptionsstreifen tun.

In der Umgebung jener Absorptionsstreifen ändert sich der Brechungsindex in folgender, in der Fig. 1 schematisch gezeichneten, markanten Weise:

Brechungsindex

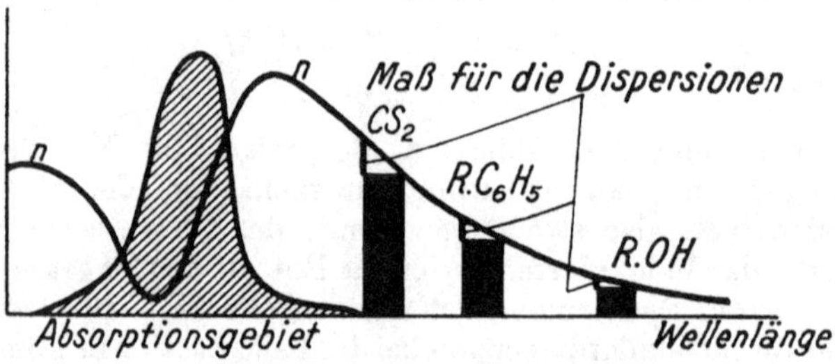

Abb. 1 Absorption und Dispersion.

Der Brechungsindex steigt, wenn wir von den langen Wellen, von Rot her kommen, stark an, weit stärker als für gewöhnlich im sichtbaren Gebiet der Fall ist, geht dann durch ein scharf ausgeprägtes, oft sehr hohes Maximum und fällt hierauf innerhalb des Absorptionsstreifens ganz steil zu einem extrem kleinen Wert ab, um bei noch kürzeren Wellen wieder anzusteigen. Wir haben also die Erscheinung, daß vorübergehend kürzeren Wellen kleinere Brechungsexponenten entsprechen, die sogenannte „anomale Dispersion".

Der Farbstoff Fuchsin zeigt das schon im sichtbaren Gebiet: im Grün und Gelb absorbiert er sehr stark; die Brechungsindices in jenem Gebiet und den benachbarten sind folgende (Mittelwerte mehrerer Beobachter).

Tabelle II.

λ in mμ:	260	405	413	434	461	486	527	535	589	634	656	687	719
n:	1,52	1,38	1,15	1,05	0,83	1,06	1,88	1,97	2,67	2,45	2,33	2,19	2,10
Farbe:	violett			blau	blaugrün		grün		gelb	orange	rot		

Gebiet der Absorption
Minimum Maximum
Anomales Gebiet

Was sich hier (ausnahmsweise) im sichtbaren Gebiet abspielt, tritt bei allen bisher untersuchten Flüssigkeiten im Ultraviolett ein. Aber jener starke Anstieg macht sich schon im sichtbaren Spektrum mehr oder weniger deutlich bemerkbar, je näher oder je weiter das Gebiet der Absorption (der Eigenschwingungen) dem Violett liegt. Hat der Körper mehrere solche Gebiete, so wiederholt sich das Spiel: starker Anstieg, Maximum, jäher Abfall, Minimum, schwächerer Anstieg.

Da nun die Lage der Absorptionsgebiete von den Atomgruppen und ihren Bindungsverhältnissen abhängt, gilt dasselbe von der Stärke der Dispersion, die eben von der Lage der Absorptionsstreifen regiert wird. Man hat für manche Substanzen oder Atomgruppen die Lage der Absorptionsgebiete direkt beobachtet oder aus dem Gang von n im Ultraviolett berechnet. So scheint der Hydroxylgruppe eine Eigenschwingung bei 127 mμ zuzugehören, die Phenylgruppe scheint bei wesentlich längeren Wellen Eigenschwingungen zu besitzen. Die Folge ist also, daß Wasser und Alkohole erheblich weniger dispergieren als Benzol und seine Derivate. Der Schwefelkohlenstoff besitzt ein starkes Absorptionsgebiet bei relativ langen Wellen, bei 327 mμ. Er muß also im sichtbaren Gebiet noch stärker dispergieren. Benzol absorbiert erheblich schwächer als Schwefelkohlenstoff. Außer der Stelle der Absorption kommt es auch auf ihre Stärke an.

Das mag die folgende Tabelle erläutern, die neben den Brechungsindices für die vier in der Refraktometrie am meisten benutzten Linien auch solche für ultraviolette Linien und die zugehörigen Wellenlängen enthält, ferner einige Dispersionswerte und zur Erläuterung approximative Angaben über das Absorptionsgebiet.

Tabelle III.

Linie	Farbe	Wellenlänge mμ	$n^{20°}$			
			Wasser	Aceton	Benzol	Schwefelkohlenstoff
H_α	rot	656,3	1,3312	1,3601	1,496	1,618
Na	gelb	589,3	1,3330	1,3641	1,501	1,628
H_β	blau	486,1	1,3372	1,3667	1,512	1,653
H_γ	violett	434,1	1,3404	1,3706	1,523	1,675
Ultraviolett		394,4	1,3437	1,377	—	1,702
		361,2	1,3474	1,379	1,549	1,738
		298	—	1,396	1,598	1,875
		ca. 275	1,3664	1,402	1,625	2,005
		260	ca. 1,372	ca. 1,408	—	2,159
		214	1,4040	1,454	—	—
		204	—	1,479	—	—
$n_\gamma - n_\alpha$ (violett — rot)			0,0092	0,0105	0,027	0,057
Absorptionsgebiet ...			127 mμ	ca. 145 mμ	schwache Streifen zw. 237 u. 267 mμ	327 mμ
$n_{275\,m\mu} - n_\gamma$ (ultraviolett — violett			0,026	0,031	0,102	0,330

Wie man sieht, steht Aceton, dessen Absorptionsgebiet dem sichtbaren Teil des Spektrums nur wenig näher liegt als das des Wassers, dem Wasser nahe. Dem Wasser sind ferner die aliphatischen gesättigten Alkohole sehr ähnlich.

Am eklatantesten ist die Wirkung des Schwefels im Schwefelkohlenstoff: Hier ist die Dispersion schon im sichtbaren Gebiet enorm, aber auch im Ultraviolett dispergiert Schwefel weitaus am stärksten, — obwohl auch alle anderen in der Tabelle berücksichtigten Körper dort stärker dispergieren, als im sichtbaren Gebiet, — weil die größere Nähe der Absorptionsgebiete sich deutlich bemerkbar macht.

Aus der Tabelle I geht hervor, daß das S-Atom auch in den Merkaptanen analog die Dispersion erhöht, entsprechend das Br-Atom.

In Fig. 1 sind schematisch die Lagen eingezeichnet, welche der Schwefelkohlenstoff, die Benzolderivate und die Hydroxylderivate der Paraffinreihe auf der Dispersionskurve einnehmen: CS_2 liegt an der Stelle von großem, die R · OH-Körper an der Stelle von kleinem Gefälle.

Aus dem Gesagten geht hervor, daß man den Einfluß der einzelnen Bausteine des Moleküls und den Einfluß der Doppelbindungen (Paraffine → Allylderivate → Phenylderivate) auch ohne weitere Rechnung aus der Dispersion ablesen kann. Eine wesentlich feinere — quantitative — Auswertung der Dispersion findet man in dem Kap. VI.

II. Die optischen Grundlagen der refraktometrischen Messungen

A. Die Brechung einfarbigen Lichts an einer ebenen Grenzfläche

1. Das Snellius'sche Brechungsgesetz

Für den Übergang des Lichtes aus einem Medium mit der Lichtbrechung n_1 durch eine ebene Trennungsfläche in ein Medium mit der Lichtbrechung n_2 gilt das Snellius'sche Brechungsgesetz. Bezeichnet man den Winkel, den im Medium (1) ein einfarbiger Lichtstrahl mit der im Einfallspunkt errichteten Normale M_1 (Abb. 2a) einschließt, mit a_1, und den Winkel des Strahls gegen dieselbe Normale im Medium (2) mit a_2, so gilt nach Snellius die einfache Beziehung:

(1) $$n_1 \sin a_1 = n_2 \sin a_2$$

Haben beide Medien denselben Brechungs-Index ($n_1 = n_2$) so ist immer $a_1 = a_2$, d. h. es findet überhaupt keine Brechung des Lichtes statt; verwirklichen kann man diesen Fall, wenn man ein Stück Glas, z. B. eine kleine Platte aus Spiegelglas, in eine Mischung aus Tetralin und Leichtbenzin legt, deren Brechungsindex auf den des Glases abgestimmt ist. Bei Beleuchtung mit einfarbigem Lichte, z. B. dem einer durch Chlornatrium gelbgefärbten Bunsenflamme, läßt es sich erreichen, daß das Glas, soweit es in die Mischung eintaucht, völlig unsichtbar wird, weil das Licht an den zwei Trennungsflächen Glas-Flüssigkeit weder gebrochen noch ge-

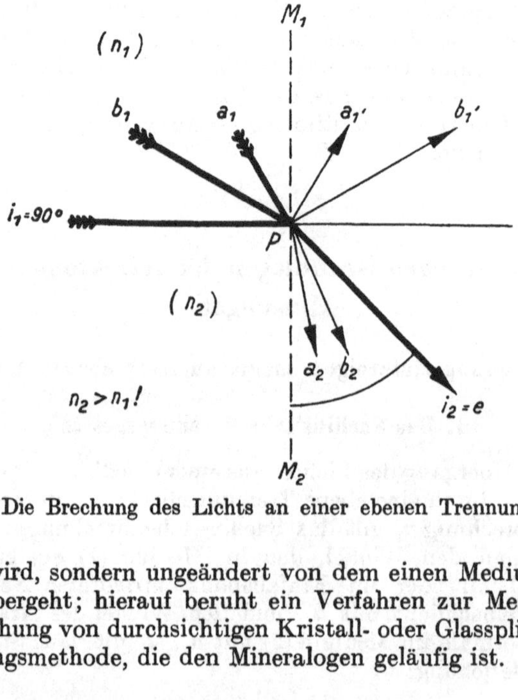

Abb. 2a Die Brechung des Lichts an einer ebenen Trennungsfläche.

spiegelt wird, sondern ungeändert von dem einen Medium in das andere übergeht; hierauf beruht ein Verfahren zur Messung der Lichtbrechung von durchsichtigen Kristall- oder Glassplittern: die Einbettungsmethode, die den Mineralogen geläufig ist.

2. Der streifende Eintritt und sein Grenzwinkel

Hat aber das Medium (1) eine geringere Lichtbrechung als das Medium (2), ist also $n_1 < n_2$, so spaltet der auf den Punkt P (Abb. 2a) auffallende Strahl a_1 sich in einen nach oben in das Medium (1) „zurückgeworfenen" Strahl a_1' und einen in das Medium (2) nach unten eindringenden, aus seiner Anfangsrichtung abgelenkten „gebrochenen" Strahl a_2. Der unter dem größeren Einfallswinkel b_1 gegen die Normale auf P auftreffende Strahl b_1

wird in gleicher Weise in die Strahlen b_1' und b_2 gespalten. Dagegen wird ein Strahl, der mit der Normalen M_1 den Winkel 90° einschließt, der also in der Trennungsebene selbst verläuft, am Medium (2) vorbeilaufen, ohne eindringen zu können; ein solcher Strahl ist also für die Frage des Verhaltens des Lichtes an der ebenen Grenze zweier Medien wertlos. Umso wichtiger ist ein diesem Strahl eng benachbarter, der z. B. den Einfallswinkel $i_1 = 89°59'$ mit der Normalen bildet und die Trennungs-Ebene in P trifft; ein solcher erscheint zwar in der Zeichnung als rechter Winkel, ist aber mit dem oben als wertlos bezeichneten nicht identisch. Der sinus von 89°59′ unterscheidet sich von dem Werte 1, den der sinus von 90° hat, um einen so kleinen Betrag, daß der Unterschied für die Konstruktion eines Instrumentes zur Messung der Lichtbrechung, eines Refraktometers, ohne Schaden vernachlässigt werden kann. Wir dürfen daher für den sinus unseres Winkels ($i_1 = 89°59'$) setzen: $\sin i_1 = 1$. Für diesen größten praktisch möglichen Einfallswinkel des Strahles im Medium (1) schreibt sich nun Gl. (1):

$$n_1 = n_2 \sin i_2. \tag{2}$$

Da der Wert $i_1 = 89°59'$, oder, praktisch geschrieben, $i_1 = 90°$ der größtmögliche Wert des Einfallswinkels, also ein Grenzwert ist, ist auch der zugehörige, aus Gl. (2) berechenbare Brechungswinkels i_2 ein Grenzwert, man nennt ihn den Grenzwinkel des streifenden Eintritts, da der unter $i_1 = 90°$ auf die Fläche im Punkte P eben noch auftretende Strahl der „streifend eintretende" heißt. Gl. (2) ist die Grundlage für die Durchrechnung aller technischen Refraktometer, da in diesen alle Messungen auf einen Glaskörper von bekannter Lichtbrechung n_2 bezogen werden. Diese Lichtbrechung n_2 des Glaskörpers ist nach den klassischen Methoden der spektrometrischen Messung nach Fraunhofer u. a. an einem Glasprisma sehr genau meßbar. Kennt man aber einmal n_2 und verbindet man den Glaskörper — in unserer bisherigen Ausdrucksweise das Medium (2) — mit einer Vorrichtung zur Messung des Winkels i_2, so ist nach der Messung dieses Winkels die rechte Seite der Gleichung (2) bekannt, und dadurch auch der Wert n_1, d. h. die Lichtbrechung des Mediums, das über dem Glaskörper(2) sich befindet. Ehe wir uns zu den Hilfsmitteln wenden, die man braucht, um den Grenzwinkel i_2 zu messen, der ja seinen Ort in einem Glaskörper hat, soll noch ein zweiter Strahlengang betrachtet werden, der auf anderem Wege zu demselben Winkel i_2 führt.

3. Reflektiertes Licht und der Grenzwinkel der Totalreflexion

Lassen wir auf denselben Punkt P der Trennungsebene der Medien (1) und (2) mit denselben Brechungsindices $n_2 > n_1$ wie bisher nunmehr das Licht von unten her, d. h. im Medium (2), dem Glaskörper, auftreffen (Abb. 2b), so spalten sich die Strahlen a_2 und b_2 in je einen gebrochenen Anteil a_1 und b_1 im Medium (1) und einen in das Medium (2) zurückgeworfenen Anteil a_2' und b_2'. Anders verläuft der Strahl $K_2 > i_2$. Da nach Gl. (1) der zu $\sphericalangle i_2$ gehörige Winkel i_1 im Medium (1) bereits den größten geometrisch

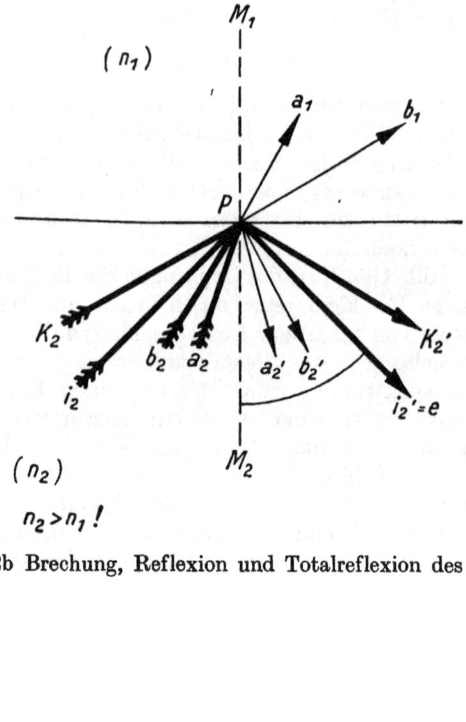

Abb. 2b Brechung, Reflexion und Totalreflexion des Lichts.

möglichen Wert $i_1 = 90°$ hat, gibt es für jeden $\sphericalangle K_2$ im Medium 2 keinen möglichen Brechungswinkel im Medium (1); so kann also kein solcher Strahl K_2 beim Auftreffen auf P gespalten und in das Medium 1 zum Teil hineingebrochen werden, er wird vielmehr nur reflektiert, und zwar ohne Einbuße an Intensität, er wird total reflektiert. Diesem Zwange unterliegen alle Strahlen K_2, die mit der Normalen einen Winkel $> i_2$ bilden. So ist also die Richtung i_2 auch in dem Falle wo das Licht in dem Glaskörper mit $n_2 > n_1$ auf die Trennungsebene auffällt, ein Grenzwinkel; er heißt der Grenzwinkel der Totalreflexion und scheidet die zwischen ihm und der Trennungsebene verlaufenden an dieser totalreflektierten und in ihrer Helligkeit ungeschwächten Strahlen von den jenseits i_2 verlaufenden partiell reflektierten, die denjenigen Teil ihrer Helligkeit einbüßen, der den durch Brechung in das Medium (1) übertretenden zukommt.

4. Die Entstehung einer Grenzlinie bei streifendem Eintritte des Lichts und bei der Totalreflexion

Da es nicht möglich ist, einzelne Lichtstrahlen zu verwirklichen — wir benutzen den Begriff eines Lichtstrahls nur zur geometrischen Ableitung der gesetzmäßigen Ausbreitung des Lichtes, d. h. des Strahlengangs —, wären die bisher gewonnenen Erkenntnisse über die Grenzwinkel und deren so einfache Verknüpfung mit den Brechungsindices n_1 und n_2 für die Messung dieser Winkel unverwertbar, wenn nicht ganze Scharen von Grenzstrahlen gleichzeitig an jeder ebenen Berührungsfläche zweier Medien (1) und (2) entstünden. Diese Scharen lassen sich in folgender Weise ordnen. Erstens entsteht in jedem Punkte der Trennungslinien in Abb. 2a und 2b ein Grenzstrahl; deren Summe ist ∞^1. Zweitens ist jede der beiden Abbildungen nur ein Schnitt durch den Glaskörper und das Medium 1; um einen Glaskörper von endlicher Dicke, etwa ein Prisma eines Refraktometers aufzubauen, müßte man ∞ viele Schnitte aufeinanderschichten. Ein Glaskörper liefert also ∞^2 Grenzstrahlen, die alle einander parallel und in lauter zur Ebene der Zeichnung parallelen Ebenen verlaufen.

Ein solches Büschel paralleler Strahlen ist geometrisch gleichwertig dem in einen kleinen Feldstecher eintretenden Strahlenbüschel, das von einem Sterne herkommt, da auch dieses aus einem Büschel paralleler Strahlen besteht, das etwa 1 qcm Querschnitt hat.

Hieraus geht hervor, daß wir in einem mit unserem Prisma verbundenen Fernrohre als von den ∞^2 Grenzstrahlen erzeugtes „Bild“ nur einen einfarbig leuchtenden Punkt zu erwarten haben, der zur Einstellung auf eine Meßmarke im Fernrohr, etwa ein Fadenkreuz, oder einen Strich einer Okularskala, nicht geeignet wäre. An der ebenen Trennungsfläche zwischen Prisma und Medium (1) entstehen nun aber nicht nur solche Grenzstrahlenbüschel, die der Zeichnungsebene parallel sind, sondern noch viel mehr und zwar erstens Strahlen, die in jedem Punkte P aus der Ebene der Zeichnung heraustreten und zweitens Strahlen, die die Zeichnungsebene in P nach rückwärts durchstoßen, wohlbemerkt, sämtlich Strahlen, die Gl (2) befolgen, die man nur in einer Zeichnung nicht gleichzeitig darstellen kann. Das oben betrachtete Büschel von ∞^2 Strahlen wird also ∞ mal erzeugt, da ich der Zeichnungsebene bei einer allmählichen Drehung um die feste Normale NN ∞ viele Lagen geben kann. Jeder einzelnen solchen Lage entspricht nun im Fernrohre ein in dessen Brennebene liegender leuchtender Bildpunkt. Da diese Punkte sich stetig aneinanderreihen, bilden sie eine zusammenhängende Linie: die Grenzlinie des streifenden Eintritts oder die der Totalreflexion. Sie kann, wie weiter unten gezeigt werden wird, am Refraktometer nach Pulfrich als Linie verwirklicht werden.

5. Gestalt und Schärfe der Grenzlinien

In der Regel ist das Gesichtsfeld eines Refraktometers zu einem Teile hell, und durch einen bei Beleuchtung mit einfarbigem Lichte scharfen Rand, eben die Grenzlinie begrenzt. Diese Linie ist keine Gerade sondern eine Kurve, aus demselben Grunde, aus dem im Spektrum die Linien, wenn sie nur lang genug sind, gekrümmt und nicht gerade sind. (Zunahme der prismatischen Ablenkung des Lichts mit wachsender Neigung der Ebene des Strahlenverlaufs gegen den „Hauptschnitt“ des Prismas, der bei allen einfachen Ableitungen mit der Zeichenebene zusammenfällt). Enthält das Licht zwei Farben von merklich verschiedener Wellenlänge, so entstehen zwei getrennte Grenzlinien, da alsdann das Verhältnis $n_1 : n_2$ für beide Farben verschieden ist. Setzt dagegen das Licht sich aus einer unendlichen Fülle von Farben zusammen, wie z. B. das weiße Licht, so entsteht an Stelle einer Grenzlinie ein bunter mehr oder weniger breiter Saum, dessen Lage man nicht sicher im Fernrohre angeben kann. Der Eindruck, den die Grenzlinie auf den Beobachter macht, ist verschieden, je nachdem ob sie aus streifend eingetretenen Grenzstrahlen oder aus reflektierten gebildet worden ist. Wie Abb. 1 erkennen läßt, gibt es im Medium 2 keine Strahlen, die zwischen dem Grenzstrahl und der brechenden Fläche verlaufen; daher ist die Grenzlinie im Falle des streifenden Eintritts eine Grenze zwischen Hell und Dunkel, also eine auch für einen Anfänger leicht aufzufassende Erscheinung. Dagegen lehrt Abb. 2b, daß der Winkelraum zwischen dem Grenzstrahle und der Trennungsfläche hier von den totalreflektierten, also ungespaltenen hellen Strahlen erfüllt ist, während die gespaltenen und geschwächten Strahlen den Bereich zwischen dem Grenzstrahle und der Normalen einnehmen. Demgemäß unterscheidet sich die Grenzlinie der Totalreflexion von der oben beschriebenen Grenzlinie des streifenden Eintritts in doppelter Weise: erstens ist hier die Helligkeitsverteilung umgekehrt als vorher: das hellere Feld ist in der Nachbarschaft der brechenden Glasfläche, zweitens ist jetzt überhaupt kein ganz dunkler Teil im Gesichtsfelde vorhanden, da die Grenzlinie den Bereich der totalreflektierten Strahlen, also ein helles Feld, von dem der partiell reflektierten, also von einem halbhellen Felde scheidet. Trotzdem gibt es technisch wichtige Refraktometer, die nur mit reflektiertem Lichte benutzt werden können[1]; andererseits ist man bei der Messung von natürlichen Kristallen oder von Anschliffen oft darauf angewiesen, sich mit der Grenzlinie der *totalen Reflexion* zu begnügen[2].

---

[1]) F. Löwe, „Das Betriebsrefraktometer" Z. Ver. dtsch. Zuckerindustrie **75**. T. T. 360 (1925)

[2]) C. Pulfrich, „Über die Anwendbarkeit der Methode der Totalreflexion auf kleine und mangelhafte Kristallflächen." Grothes Z. f. Krist. u. Miner. **30**, 568-586 (1898) und Z. f. Instrkde. **19**, 4—18 (1899)

6. Das Prisma des Refraktometers nach C. Pulfrich

In Abb. 3 ist für das Medium (1), in das das Licht von links eintritt, die zu messende Probe, eine Flüssigkeit vom Brechungsindex n, gewählt; sie ruht in einem gläsernen Troge auf der oberen waagerechten Fläche des Mediums (2), eines rechtwinkeligen Glas-

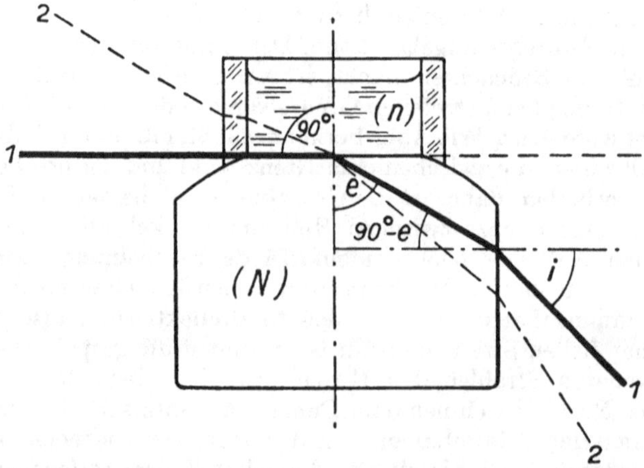

Abb. 3 Das rechtwinklige Prisma des Refraktometers nach Pulfrich.

prismas vom Brechungsindex N, der größer ist als n. Dann schreibt sich die oben abgeleitete Gleichung (2), wenn wir von nun an den Grenzwinkel mit e bezeichnen:

(2′) $$n = N \sin e.$$

Im Glase trifft der Grenzstrahl, da das Prisma rechtwinklig ist, die zweite, senkrechte Prismenfläche unter dem Einfallswinkel $90° - e$. Bezeichnen wir den Winkel, den der Strahl nach seinem Austritte mit der Normalen bildet, mit α so gilt

$$N \sin (90° - e) = n \sin \alpha.$$

Da nun in der gesamten Refraktometrie die Messung der Brechungsindices auf Luft und nicht auf den leeren Raum bezogen wird, ist für n—. der Wert 1 zu setzen, so kommt:

(3) $$N \cdot \sin (90 - e) = \sin \alpha.$$

Der Winkel α ist im Gegensatz zu dem im Glase liegenden Grenzwinkel e, der Messung zugänglich. Um von dem meßbaren Werte α zu dem gesuchten Brechungsindex n der Probe zu kommen, formen wir die Gleichung (3) um wie folgt:

$$N \sin (90° - e) = N \cos e = \sin \alpha;$$ da nun $N \sin e = n$, so ergibt sich durch Quadrieren und Addieren dieser beiden Gleichungen

$$N^2 \cos^2 e + N^2 \sin^2 e = \sin^2 \alpha + n^2,$$ oder,

$$N^2 (\cos^2 e + \sin^2 e) = n^2 + \sin^2 \alpha,$$ und, da

$$\cos^2 e + \sin^2 e = 1,$$ wenn man nach n^2 auflöst,

$$n^2 = N^2 - \sin^2 \alpha$$ und

(4) $$n = \sqrt{N^2 - \sin^2 \alpha}$$

So ist der gesuchte Wert n, der Brechungsindex der Probe, mit dem durch spektrometrische Messung bekannten Werte des Brechungsindex N des Glasprismas und dem am Refraktometer abzulesenden Austrittswinkel α des Lichts aus der letzten, senkrechten Prismenfläche eindeutig verbunden.

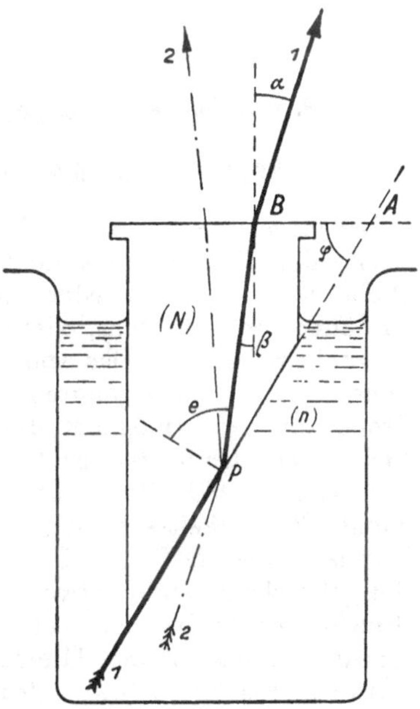

7. Das spitzwinkelige Prisma des Eintauch-Refraktometers

Abb. 4 stellt den Weg zweier Lichtstrahlen dar, die aus der Probe mit dem zu messenden Brechungsindex n in das Prisma,

Abb. 4 Das spitzwinklige Prisma des Eintauch-Refraktometers im Becherglase.

das in die Probe eintaucht, eintreten und es an der oberen Prismenfläche, die an Luft grenzt, wieder verlassen. Strahl 1 tritt streifend ein und bildet im Glase mit der Normalen seines Einfallspunktes den Grenzwinkel e, und schließlich in Luft mit der Normalen des Austrittspunktes B den Winkel α. Die brechenden Prismenflächen würden sich in einer Kante schneiden, deren Spur A ist. Die Winkel im Dreiecke PBA haben der Reihe nach die Werte $90° - e$, $90° - \beta$ und φ, wobei mit φ der dem Verfertiger bekannte brechende Winkel des Prismas bezeichnet ist. So läßt durch zweimalige Anwendung der Snellius'schen Formel sich n in seiner Abhängigkeit von N, φ und α berechnen; beim Eintauch-Refraktometer wird der Winkel α nicht in Winkelgraden gemessen, sondern in Form von Skalenteilen im Gesichtsfelde eines mit dem Prisma fest verbundenen Fernrohres. Die Grenzlinie wird auch hier durch die Summe aller Strahlen erzeugt, die streifend in die von der Probe benetzte Eintrittsfläche des Prismas gelangen.

8. Das Doppelprisma des Abbeschen Refraktometers

a) Der Strahlengang bei streifendem Eintritt des Lichts

Die bisher beschriebenen Prismen setzen, um dem Lichte den streifenden Eintritt zu ermöglichen, eine genügende Menge der Probe voraus, die entweder über der Prismenfläche in nicht gar zu dünner Schicht steht, oder sogar ausreicht, um das Prisma in die Probe zu tauchen. Das Abbesche Doppelprisma nimmt zwischen seinen einander zu gewandten Innenflächen nur einige Tropfen der Probe auf und ermöglicht durch seine Eigenart trotzdem dem Lichte den streifenden Eintritt. Das Prisma I, (in Abb. 5) mit den Kanten DEF dient dazu, dem Lichte den Zugang zu der dünnen Flüssigkeitsschicht zu vermitteln, die die Flächen DE des Prismas I und $D'E'$ des Prismas II benetzt. Um nun die vom Spiegel herkommenden Strahlen zu zwingen, innerhalb der dünnen Schicht der Probe zum Teil streifend in die eng benachbarte Fläche $D'E'$ des Prismas II einzutreten, ist die vom Lichte zuerst getroffene Fläche DE des „Beleuchtungsprismas" matt geschliffen;

jeder einzelne auf *DE* auftreffende Strahl wird in ein neues Strahlenbüschel zerstreut, von dem einzelne Strahlen nahezu parallel der Eintrittsfläche des benachbarten Prismas II verlaufen, bis sie in diese streifend eintreten.

Der weitere Verlauf der Strahlen im Prisma II gleicht dem im Prisma des Eintauchrefraktometers, und die Durchrechnung eines Grenzstrahles ist dieselbe wie oben entwickelt. Auch die Erscheinung der Grenzlinie im Gesichtsfelde des Fernrohres, das drehbar über der letzten Fläche *E'F'* des Doppelprismas angeordnet ist, deckt sich mit derjenigen im Refraktometer nach Pulfrich: die Grenzlinie trennt ein helles Feld von einem dunklen; sie wird in beiden Refraktometern auf den Schnittpunkt des Fadenkreuzes in der Brennebene des Fernrohres eingestellt. — Der soeben entwickelte Verlauf der Strahlen durch Prisma I, die dünne Schicht der Probe und durch Prisma II wird oft als „durchfallendes Licht“ bezeichnet. (Näheres s. S. 55)

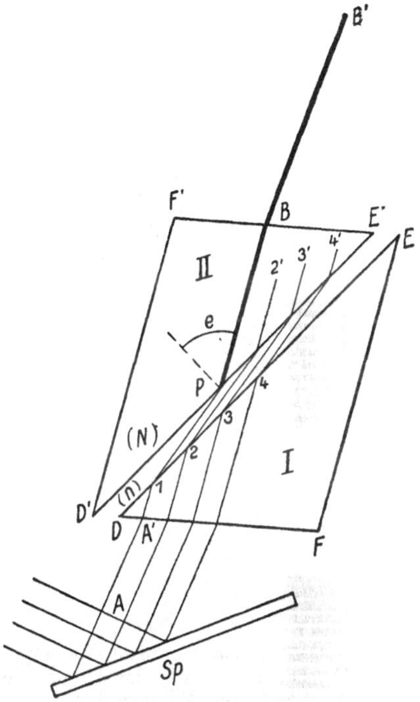

Abb. 5 Streifender Eintritt des Lichts in Prisma II des Doppelprismas.

b) Das Abbesche Doppelprisma als Hilfsmittel zur Erzeugung der Grenzlinie im reflektierten Lichte

Verwehrt man, z. B. durch Umklappen des Spiegels *Sp* in Abb. 6, dem Lichte den Eintritt in die Fläche *DF* des Prismas I, und gestattet ihm, etwa durch Öffnen eines Deckels bei *A'*, in die matte Fläche *D'F'* des Prismas II einzutreten, so trifft es die

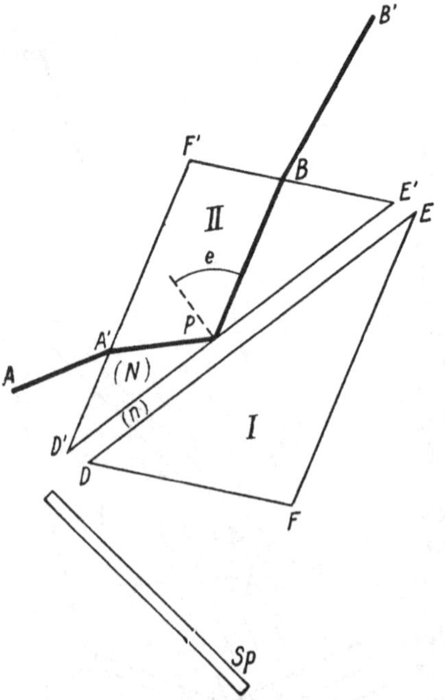

Abb. 6 Das Abbesche Doppelprisma zur Erzeugung der Grenzlinie im reflektierten Lichte.

dünne Schicht der Probe in der von ihr benetzten blanken Prismenfläche $D'E'$, und findet hier Gelegenheit, je nach der Richtung der auftreffenden Strahlen, total oder partiell reflektiert zu werden. So sind durch die gewiß einfache Veränderung des Lichtweges alle Voraussetzungen für das Zustandekommen der oben erläuterten Grenzlinie der Totalreflexion gegeben. Man greift zu diesem Strahlengang, sobald es sich zeigt, daß die Probe so dunkel gefärbt ist, daß sie im durchfallenden Lichte ein für die Einstellung der Grenzlinie auf das Fadenkreuz nicht genügend helles Feld liefert; manche Refraktometer, wie z. B. das Handzuckerrefraktometer oder das Betriebsrefraktometer für Raffinerien und Marmeladenfabriken, sind überhaupt nur für reflektiertes Licht eingerichtet.

9. Mehrere Einzelfarben von einer mit Gas- oder Dampf gefüllten Lampe oder weißes Licht

Sendet man das Licht einer mit Helium gefüllten Geißlerschen Röhre oder das einer Quecksilberdampflampe in das Prisma des Pulfrichschen Refraktometers, so erfolgt für jede einzelne, durch ihre Wellenlänge charakterisierte Farbe, ein anderer Strahlenverlauf, der durch die Einzelwerte der Brechungsindices der Probe n_i und des Glases N_i bestimmt ist. Daher gibt es ebensoviele einzelne Grenzlinien im Fernrohre. Diese bilden eine umso schönere Erscheinung im Gesichtsfelde des Okulars und sind umso leichter einzeln zu messen, je weiter sie auseinander liegen, d. h. je größer für jede Farbe der Unterschied der Lichtbrechung n_i der Probe und N_i des Glases ist. Da nun die Dispersion der zu den Refraktometern benutzen schweren Flintgläser sehr groß ist, gilt hier die auffallende Regel: Proben mit weit auseinander liegenden Grenzlinien haben eine geringe Dispersion. Sind die einzelnen Grenzlinien eng zusammengerückt, so empfiehlt es sich, für die Messung immer nur eine einzelne leuchten zu lassen, die anderen aber durch ein vor das Okular gehaltenes Farbfilter auszuschalten. Über die Einstellung jeder einzelnen Grenzlinie auf das Fadenkreuz und die Verwertung der Ablesungen zur Berechnung der einzelnen Brechungs-Indices n_i vgl. Kap. IV, Ziffer 13 Seite 44.

Beleuchtet man das Prisma eines Refraktometers mit *weißem* Lichte, so wird die Grenze aus einer unendlichen Fülle von eng benachbarten Grenzlinien gebildet, die zusammen ein Spektrum mit unscharfem blauviolettem oder rotem Rande liefern, der zur Einstellung auf ein Fadenkreuz nicht geeignet ist. Nach einer Überlegung von E. Abbe kann man aber ein von einem Prisma erzeugtes Spektrum durch ein zweites Prisma von gleicher Farbenzerstreuung wieder zunichte machen; man kann z. B. das durch ein Prisma zu einem Spektrum ausgezogene Bild eines mit weißem Lichte beleuchteten Spaltes durch Einfügung eines zweiten, mit seiner brechenden Kante umgekehrt gelagerten Prismas wieder zu einem schmalen weißen scharf begrenzten Spaltbilde zusammenziehen. Ein solches zweites Prisma, das eine (unwillkommene) Farbenzerstreuung aufhebt, nennt Abbe einen Kompensator. Da nun die Ausdehnung des farbigen Saumes der Grenzlinie, wie wir unter Ziffer 9 sahen, von den Verhältnissen der Brechungsindices $n_i : N_i$ abhängt, müßte man zu einem Refraktometer für den Gebrauch weißen Lichtes einen großen Vorrat von Kompensatoren mit abgestufter Wirkung d. h. Winkelzerstreuung haben. Diese Schwierigkeit überwand Abbe durch seinen Kompensator: zwei gleiche, um eine gemeinsame Achse, den Mittelstrahl, drehbare geradsichtige Prismen, die je nach ihrer Verdrehung aus der Anfangslage eine große, mittlere oder gar keine Dispersion liefern. Im Abbeschen Kompensator wird durch zwei Zahnkränze mit gemeinsamem Antrieb jedes einzelne Prisma um denselben Betrag, aber in entgegengesetztem Sinne aus der Anfangslage herausgedreht, in der die brechenden Kanten beider Prismen parallel lagen. So stellt der Kompensator ein Prisma mit stetig veränderlicher Farbenzerstreuung dar, mit dem der Beobachter den Farbsaum einer Grenzlinie mühelos zu einem scharfen, farbenfreien Rande zusammenschrumpfen läßt, auf den man dann den Schnittpunkt des Fadenkreuzes leicht einstellen kann. Wie die bequem meßbare Drehung der Prismen zur angenäherten Berechnung der mittleren Dispersion $n_F - n_C$ nach E. Abbe, oder zu der der Einzelwerte n_F und n_C nach H. Waldmann verwertet wird, soll in Kap. IV, Ziff. 14b $\varkappa$ S. 68 gezeigt werden.

10. Weitere Nachkriegskonstruktionen des Abbeschen Refraktometers

Die Firma Bellingham und Stanley, London, hat ihr völlig neu durchgearbeitetes Abbe-Refraktometer mit dem Kompensator für weißes Licht mit folgenden Verbesserungen ausgestattet: Die Einblick-Öffnungen für das Fernrohr und die Ableselupe des Teilkreises sind wie bei der Zeiss'schen Form fest miteinander verbunden und annähernd in gleicher Höhe. Für das Arbeiten mit reflektiertem Lichte, also z. B. für die Messung dunkler Marmeladen oder Teeröle ist in das Hauptprisma ein 4 V-Glühlämpchen fest eingebaut, das mit einem Handgriffe eingeschaltet werden kann. Das bei der Messung fester Körper, z. B. von Gläsern entbehrliche zweite Prisma kann man abnehmen, sobald man die Schläuche des Temperierwassers abgezogen hat.

Das Zeiss-Opton-Abbe-Refraktometer ist auch mit abnehmbarem zweiten Prisma ausgestattet. Im Gesichtsfelde des Fernrohrkulares sieht man außer der Grenzlinie gleichzeitig die feine Teilung des Glaskreises. Die das Prisma bewegende Schraube hat eine ähnliche, tiefe, für die Dauerarbeit so bequeme Lage wie beim Zeiss'schen Refraktometer, während die waagerechte Lage der Prismenfläche, die W. Bauersfeld vor Jahren in das Butter-Refraktometer eingeführt hat, auch hier sich findet. Zur

Umwertung der Meßwerte n_D und Z (Ablesung an der Kompensatortrommel) dient nicht mehr die Abbesche Tabelle, sondern mit wirklich ausreichender Genauigkeit ein Diagramm, zweifellos eine immer wiederkehrende willkommene Zeitersparnis.

Das neue Chemiker-Refraktometer der Firma R. Fuess, Berlin-Steglitz, mit Glasteilung, waagerechter Prismenfläche, schwenkbarem Spiegel und tiefgelegtem Triebknopf zur Bewegung des Doppelprismas hat ein festgelagertes Fernrohr mit schrägem Einblick, dessen Okular nur wenig aus dem großen Gehäuse herausragt. In dessen Innerem ist der Kompensator, das Fernrohrobjektiv und ein den Strahlengang nach oben ablenkendes Spiegelprisma gelagert. Das Gesichtsfeld zeigt nebeneinander die Grenzlinie mit ihrem Fadenkreuze und ein Bild der Glasteilung, für deren Beleuchtung eine besondere Lampe erforderlich und vorgesehen ist. Von anderen grundsätzlich ähnlichen Konstruktionen des Abbeschen Refraktometers seien hier wenigstens die Verfertiger genannt: C. Leiss, Berlin-Steglitz, M. Hensoldt & Söhne, Wetzlar, Meopta Prag, Levallots, Perret (Seine), Watts and Son, London und G. Galilei, Mailand.

Schließlich darf auf den Zehnjahres-Bericht „Die Entwicklung optischer Meßinstrumente seit Kriegsbeginn" hingewiesen werden, der Refraktometer, objektive Kolorimeter mit lichtelektrischer Ausrüstung, Spektrophometer zur selbsttätigen Aufzeichnung von Absorptions-Kurven und selbstanzeigende Spektrophotometer zur Spektralanalyse ohne Photographie behandelt (F. Löwe, Chem. Ztg. **74**, 393-400 (1950)).

III. Optische Grundlagen der spektrometrischen Messung des Brechungsindex

11. Die Methode der Minimalablenkung nach Fraunhofer

Die von Fraunhofer bereits 1817 angegebene Methode, den Brechungsindex eines festen Körpers, der in Prismenform geschliffen ist, oder den einer Flüssigkeit, die in einem Hohlprisma geeigneter Form enthalten ist, durch die Messung weniger Winkel an einem dafür eingerichteten Spektrometer zu ermitteln, ist auch heute noch die verbreiteste in allen Fällen, wo absolute Messungen erforderlich sind, d. h. solche, bei denen nicht die Kenntnis des Brechungsindex eines Bezugskörpers vorausgesetzt wird. Die relativen Messungen, also diejenigen mit den Refraktometern, fußen letzten Endes auf den Spektrometermessungen, die die Brechungsindices der im Refraktometer eingebauten Prismen oder Halbkugeln (Kristall-Refraktometer) zu liefern haben. Auch die spektrometrischen Messungen bei tiefen und hohen Temperaturen, die mit größerer Sicherheit als ähnliche refraktometrische auszuführen sind, haben den Charakter absoluter Messungen; wegen der erst jüngst neu erkannten Bedeutung der Messung des Temperaturgangs des Brechungsindex soll im Folgenden nach der Darstellung der Fraunhoferschen Methode das Eijkmansche Verfahren besprochen werden, da dieses den neuen Ergebnissen von W. Furter und H. Waldmann zu Grunde liegt. Um den Weg des Lichtes durch ein in Luft ($n_o = 1$) befindliches Prisma zu berechnen, das auf dem Tische eines Spektrometers steht, und dessen brechende Kante, die Gerade, in der die beiden Flächen des Prismas sich schneiden, der gemeinsamen Drehungsachse des Prismentisches und des Fernrohres parallel verläuft, wenden wir die Snellius'sche Gleichung auf jede Prismenfläche an. Bezeichnen wir (Abb. 7) mit φ den brechenden Winkel des Prismas ABC, mit α den Einfalls- und α' den Brechungswinkel an der Fläche AC, mit β'

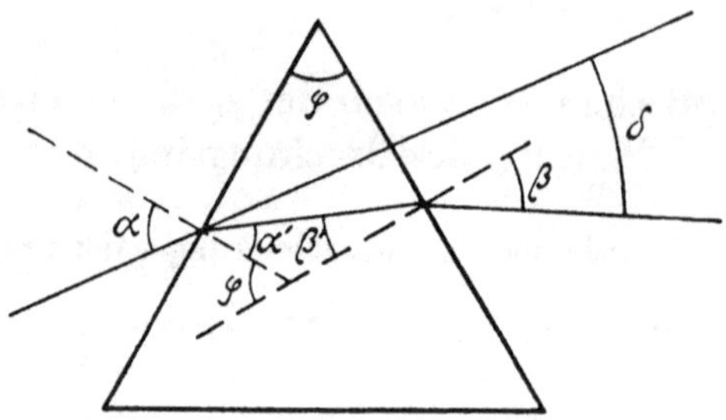

Abb. 7 Der Weg des Lichts durch ein in Luft befindliches Prisma.

den Einfalls- und mit β den Brechungswinkel an der Fläche BC und mit n den Brechungsindex des Prismas, so gilt:

$$\sin\alpha = n \sin\alpha', \; \alpha' + \beta' = \varphi, \; n \sin\beta' = \sin\beta,$$

und die Ablenkung des aus BC austretenden gebrochenen Strahls gegen den in AC eingetretenen δ setzt sich zusammen aus den Einzelablenkungen $\alpha - \alpha'$ und $\beta - \beta'$. Meßbar sind die in Luft liegenden Winkel α, β, φ und δ, unbekannt die Werte α', β' und n; es gibt also für drei Unbekannte drei lineare Gleichungen, aus denen jede der Unbekannten, insbesondere n sich berechnen läßt. Besonders einfach verlaufen Beobachtung und Berechnung, wenn man sich so einrichtet, daß $\alpha = \beta$ wird, d. h. daß der Strahl symmetrisch durch das Prisma geht, dann wird, wegen $\alpha' = \beta'$ im Prisma $\varphi = 2\,\alpha'$; und die Ablenkung $\delta = 2\,(\alpha - \alpha')$. Um die Grundgleichung $\sin\alpha = n \sin\alpha'$ für den Sonderfall des symmetrischen Durchgangs aufzustellen, bedenken wir, daß $\alpha' = \frac{\varphi}{2}$, und, wegen $\delta = 2\,(\alpha - \frac{\varphi}{2})$ für α zu setzen ist: $\alpha = {}^1/_2\,(\delta + \varphi)$. So kommt $\sin\,[\alpha = {}^1/_2\,(\delta + \varphi)] = n \sin\frac{\varphi}{2}$, oder, nach dem gesuchten n aufgelöst: $n = \frac{\sin {}^1/_2\,(\varphi + \delta)}{\sin \varphi/2}$. In diesem wichtigen Sonderfalle braucht also nur der Prismenwinkel φ und die Ablenkung des Lichtes δ im symmetrischen Strahlengang gemessen zu werden. Dieser ist daran leicht zu erkennen, daß, wie die Differenzierung der Grundgleichungen in Übereinstimmung mit der Erfahrung lehrt, die Ablenkung des Lichtes durch ein Prisma die Kleinstmögliche dann ist, wenn das Licht symmetrisch ($\alpha = \beta$) durch das Prisma tritt: Fraunhofers Minimalablenkungsmethode. Der für n zu erwartende Meßfehler $\triangle\,n$ ist von H. Keßler[1]) in seiner Abhängigkeit vom Fehler $\triangle\,\delta$ der Messung der Ablenkung für einen Fehler $\triangle\,\varphi = 1''$ des brechenden Winkels in folgender Tabelle dargestellt worden:

---

[1]) H. Kessler in Geiger-Scheels Handbuch der Physik XVIII, S. 643.

H. Keßlers Fehlertabelle für die spektrometrische n_D-Messung

Bei der spektrometrischen Messung eines 60°-Prismas vom Brechungsindex $n_D = 1.60$, das eine Minimalablenkung δ = rund 45° liefert, ist der Fehler $\triangle n$ im Endwerte von n_D in folgender Weise von dem Meßfehler des Prismenwinkels ($\triangle \varphi = 1''$) und den Meßfehlern der Ablenkung ($\triangle \delta = 1''$, $2''$ und $3''$) abhängig:

bei $\triangle \varphi = 1''$ und	$\triangle \delta = \pm 1''$	$\triangle \delta = \pm 2''$	$\triangle \delta = \pm 3''$
ist	$\triangle n = 7 \cdot 10^{-6}$	$\triangle n = 9 \cdot 10^{-6}$	$\triangle n = 13 \cdot 10^{-6}$

12. Die spektrometrische Messung des Brechungsindex nach F. Eijkmans Verfahren der konstanten Ablenkung

Während bei dem Fraunhoferschen Verfahren sowohl das Prisma wie das Fernrohr zur Aufsuchung der Stelle der geringsten Ablenkung des Lichts gedreht werden muß, gibt F. Eijkman dem Fernrohre eine feste Lage — unter einem Ablenkungswinkel von 40° gegen die Richtung des aus dem Kollimator kommenden Lichts — und läßt nur den Prismentisch mit einem Teilkreise drehbar. Der Prismentisch trägt das Hohlprisma, in das man die zu messende Probe zu füllen hat. Man dreht das gefüllte Prisma, bis das einfarbige Bild des Spaltes im Fernrohr auf dem Schnittpunkte des Fadenkreuzes einsteht und liest am Teilkreise des Prismentischs den Winkel ab, den der Nullstrich des Nonius anzeigt. Dann wird der Prismentisch in eine zweite Lage gedreht, bei der wiederum das Spaltbild sich mit dem Schnittpunkte des Fadenkreuzes deckt und der neue Winkel am Teilkreise abgelesen; über die Verwertung dieser Winkel sowie der sonst noch erforderlichen Ablesungen zur Gewinnung der Winkel α, α' und φ, die für die Berechnung des Brechungsindex n_D der eingefüllten Probe erforderlich sind, wird im Rahmen der Arbeitsvorschriften in Abschnitt IV 15 berichtet. Hier sei nur kurz das Ergebnis vorweggenommen: Für den Durchgang des Lichts durch das Prisma sind von F. Eijkman[1]) und C. Leiss[2]) folgende Beziehungen aufgestellt

[1]) F. Eijkman, Recueil de trav. chim. des Pays Bas, 13. S. 157 u. 268; 1894.
[2]) C. Leiß, Z. f. Instrkde, 19, 65—74: 1899.

worden, in denen alle Winkel dieselbe Bedeutung haben, wie oben in Gl. (2). Der im Prisma liegende und daher der unmittelbaren Messung nicht zugängliche Winkel α' wird errechnet aus

$$\operatorname{tg} \alpha' = \frac{\sin \varphi}{\frac{\sin \beta}{\sin \lambda} + \cos \varphi} = \frac{\sin \varphi}{\frac{\sin (\varphi + \delta - \alpha)}{\sin \lambda} + \cos \varphi}$$

worin die Winkel α und φ zu messen sind, während δ den konstanten Wert 40° hat. Ist α' berechnet, so findet man wieder n aus: $n = \frac{\sin \alpha}{\sin \lambda'}$. Über Erleichterungen für die Ausrechnung wird in Abschnitt IV, 15d berichtet.

Durch die feste Lagerung des Fernrohrs war es Eijkman ein Leichtes, ein das drehbare Prisma umschließendes, leicht mit Heizdämpfen füllbares Heizgefäß mit dem Fernrohre und dem ja ebenfalls festliegenden Kollimator zu verbinden. So ermöglicht die Eijkmansche Konstruktion in der ihr durch C. Leiss gegebenen Form (Verfertiger R. Fuess, Berlin-Steglitz), die Messung der Brechungsindices von Flüssigkeiten mit ausreichender Genauigkeit auf hohe Temperaturen auszudehnen, die mit anderen Refraktometern nicht erreichbar sind. Es können z. B. daher auch höher schmelzende Kohlenwasserstoffe der spektrochemischen Untersuchung unterworfen werden.

IV. Konstruktion und Handhabung der Refraktometer von C. Pulfrich und E. Abbe sowie des Spektrometers von F. Eijkman

13. Das Refraktometer nach Pulfrich[1]) und verwandte Formen

a) Der Aufbau (*Abb. 8* und 9)

Das in Abb. 3 schematisch dargestellte rechtwinklige Prisma mit dem aufgekitteten Glasröhrchen (Prisma P IV Abb. 8) ist das Kernstück des Refraktometers. Sein Licht erhält es von links,

[1]) C. Pulfrich, Ztschr. f. Instrkde. 15, 389 (1895), Ztschr. phys. Chem. – 294, (1895), Journ. de physique (3) 5, 73 (1896), Astrophys. Journ. 3, 259 (1896), Arb. der physik. Abt. d. russ. Ges. von Freunden d. Naturwiss. Moskau, Bd. VIII (1896).

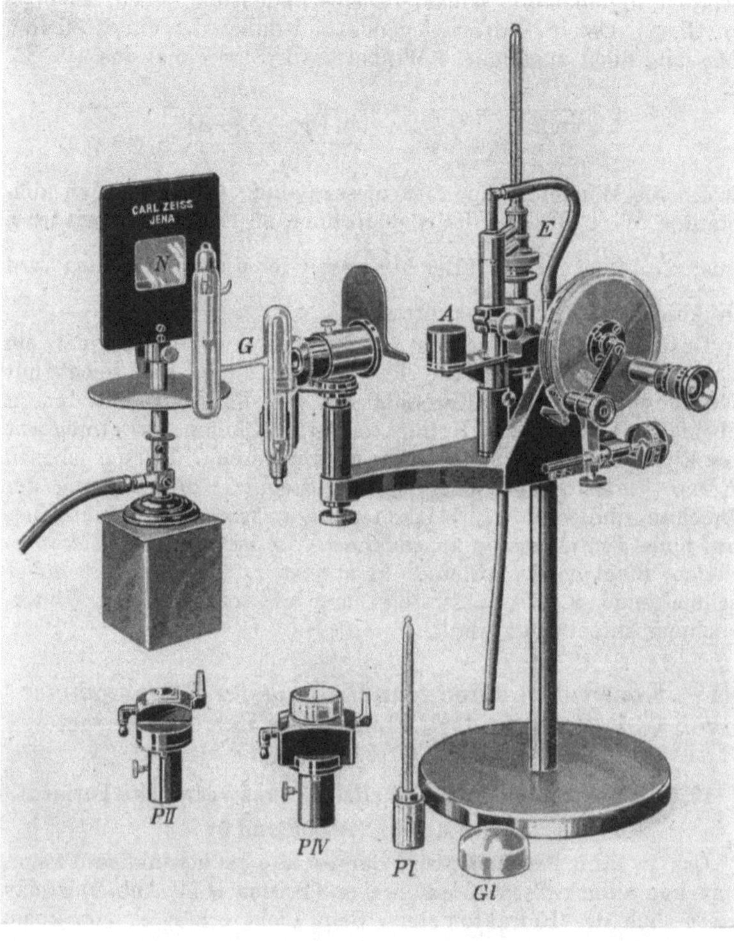

Abb. 8 Das Refraktometer nach Pulfrich, mit Geissler-Rohre G, Kondensor K, Natriumbrenner N, Spiegel-Prisma A, Fernrohr, Teilkreis, Nonius und Mikrometerschraube. (Wegen der letzten 4 Teile vgl. Abb. 9.)

entweder aus der Geißlerschen Röhre *G*, deren helleuchtende Kapillare durch den Kondensor *K* in der zylindrischen Wand des Glasröhrchens vergrößert abgebildet wird, oder von dem Natrium-

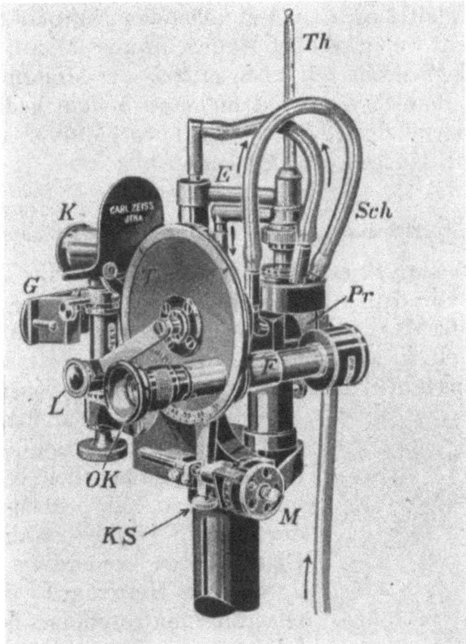

Abb. 9 Das Mittelstück des Refraktometers, mit Wassermantel fur das Prisma *Pr*, Erhitzungsapparat *E Th Sch*, Lupe *L* für den Nonius, Klemmschraube *KS* für das Mikrometer *M*.

brenner *N*, dessen Licht der Spiegel *A* auf das Prisma wirft, wenn er in den Strahlengang eingeklappt ist. Über *Pr* ist der mit Zahn und Trieb gerade hochgeschraubte Erhitzungsapparat *E* mit Thermometer zu erkennen. Das aus der senkrechten Prismenfläche (in Abb. 3) schräg nach unten austretende Strahlenbüschel wird durch ein Spiegelprisma in das Fernrohr *F* geleitet, das durch den Teilkreis hindurch geführt ist und dem Beobachter immer den bequemen waagerechten Einblick in das Okular *Ok* ermöglicht. Der Teilkreis samt dem Fernrohre ist um eine waagerechte Achse drehbar und gleitet an dem feststehenden Nullpunkt des Nonius vorüber; zieht man die Klemmschraube *K* an, so können Teilkreis und Fernrohr nur noch mittels der Mikrometerschraube *M* um einen Bereich von nicht mehr als 5° fein gedreht werden. Der Drehungswinkel wird am Nonius auf $^1/_2$ Minute, an der Mikrometerschraube dagegen auf 0.'1 genau abgelesen.

b) *Die Temperierung des Prismas und der zu messenden Probe*

Wie Abb. 9 und 10 erkennen lassen, ist auf die Temperierung des Prismas, von dem Abb. 10 die senkrechte, freiliegende Fläche *Pr* zeigt, neuerdings erhöhter Wert gelegt worden. Erstens ist das Prisma selbst, wie seit 1893, von einem Wassermantel umgeben, zweitens taucht der Erhitzungsapparat *E* mit seinem unteren Ende in das Glasröhrchen, also in die darin befindliche Probe ein, und drittens wird, namentlich beim Arbeiten mit höheren Temperaturen als 25° C die seitliche Wärmeabstrahlung aus dem Glasröhrchen neuerdings verhindert durch den Heizring *H*, der über das Glasröhrchen geschoben ist und ebenfalls vom Temperierwasser durchströmt wird. Die Einrichtung des Erhitzungsapparates selbst wird durch Abb. 11 veranschaulicht: das Thermometer steckt in dem inneren von zwei konzentrischen Heizrohren, in diesem fließt das Heizwasser von oben nach unten, während es im äußeren Rohre

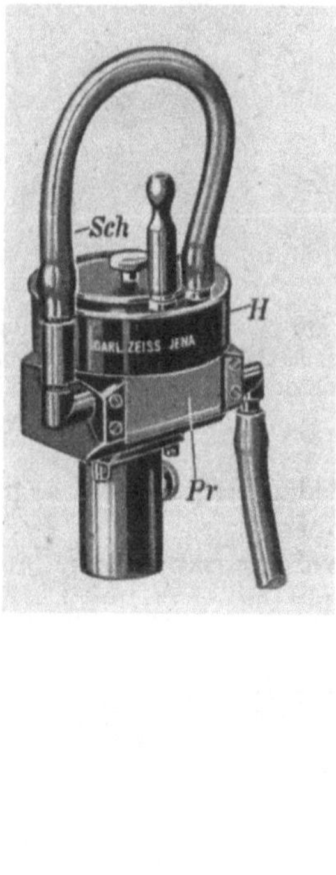

Abb. 10 Das Prisma *Pr* mit dem Heizring *H*.

aufsteigt; *W* ist ein hölzerner Wärmeschutz, der aber besser durch den oben erwähnten Heizring *H* zu ersetzen ist.

Der unter *N* erkennbare (weiß gelassene) Hohlraum wird ebenfalls vom Heizwasser durchflossen, so daß von allen Prismenflächen die senkrechte Austrittsfläche für das Licht die einzige ist, die nicht unmittelbar oder mittelbar geheizt wird. Wenn man es bei Serienmessungen nicht vorzieht, die Proben in kleinen, gut verschlossenen Röhrchen bis nahe an die Meßtemperatur heran vorzuwärmen, so muß man nach dem Einfüllen jeder Probe den Temperaturausgleich abwarten. Er ist erreicht, sobald die Grenzlinie die beste Schärfe angenommen hat und ihren Ort im Gesichtsfelde des Okulars nicht mehr verändert, mit anderen Worten, sobald sie ihre Einstellung auf den Schnittpunkt des Fadenkreuzes minutenlang beibehält.

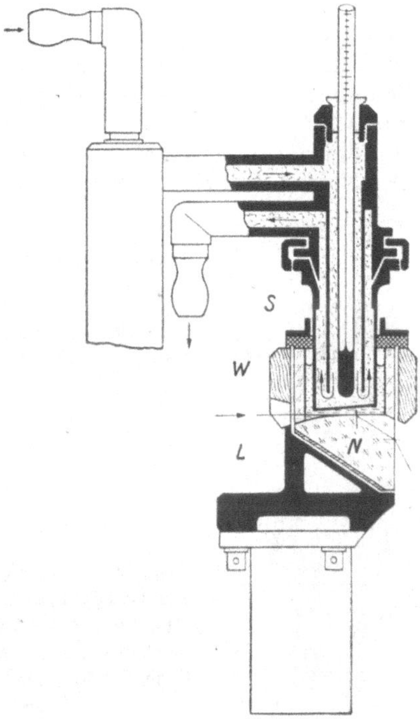

Abb. 11 Schematischer Schnitt durch den Erhitzungsapparat.

c) *Die gläsernen Erhitzungs-Apparate nach W. Geffcken und H. Kohner*[1])

Für Flüssigkeiten, die den Kitt des Glasröhrchens oder das silberne Tauchgefäß des Erhitzungsapparates angreifen würden, ist ein Erhitzungsapparat ganz aus Glas von W. Geffcken ange-

[1]) W. Geffcken und H. Kohner, Z. physik. Chemie Abt. B 1, 456 (1928)

geben worden, von dem Abb. 12 die jüngere einfache Form zeigt, während die ältere (Abb. 13), insbesondere für das verlustlose Einfüllen leicht verdunstender oder gegen Luft besonders empfindlicher Präparate eingerichtet ist. Jede der beiden Formen wird mit ihrer Glasröhre auf die konisch geschliffene und sorgfältigst gepaßte obere Prismenfläche ohne Kitt wasserdicht aufgesteckt. Der einfachere Erhitzungsapparat besteht nur aus einer für den

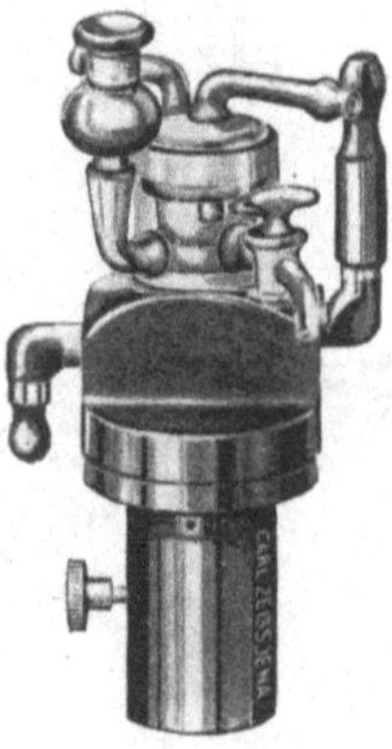

Abb. 12

Abb. 12 (etwa $^2/_5$ nat. Gr.). Der vereinfachte gläserne Erhitzungsapparat nach W. Geffcken mit Einfülltrichter und Ablaufhahn für die Probe und zwei waagerechten Stutzen für das den Deckel heizende Wasser.

Abb. 13 (etwa $^1/_3$ nat. Gr.). Der Erhitzungsapparat aus Glas nach Geffcken, eingerichtet zum verlustlosen Einfüllen luftempfindlicher oder leichtverdunstender Präparate.

Abb. 13

Durchfluß der Probe eingerichteten Glasröhre und dem in diese konisch eingesetzten Temperierdeckel, der vom Heizwasser durchflossen wird; dieser wird also beim Wechsel der Proben nicht abgenommen. Der verfeinerte Erhitzungsapparat (Abb. 13) dagegen wird durch Normalschliffe an den Vorratsbehälter, der die Probe enthält, angeschlossen, so daß diese übergedrückt werden kann, ohne mit Luft in Berührung zu kommen; der Glaszylinder ist so gestaltet, daß der oben erwähnte Heizring zur Sicherung der Temperierung auf ihn geschoben werden kann.

Für das Aufkitten der verschiedenen Glasröhren auf das Refraktometerprisma gab C. Pulfrich folgende, seit 1897 vielfach bewährte Vorschrift:

Auf eine Glasschale, welche die gleiche Krümmung besitzt wie die Facette des Prismas, wird mit einem Pinsel eine sehr dünne und gleichmäßig zu verteilende Schicht des zu verwendenden Kittes aufgetragen. Die Röhre wird alsdann mit ihrem unteren sorgfältig gereinigten Rande auf die Schale aufgesetzt und einige Male um die Rohrachse gedreht, so, daß eine gleichmäßige Verteilung des Kittmaterials und eine vollkommene Berührung mit dem unteren Rande der Röhre stattfindet. Hierauf ist die Röhre auf das Prisma aufzusetzen und unter Anwendung eines mäßigen Druckes so zurecht zu schieben, daß erstens die Röhre genau senkrecht zur oberen Prismenfläche zu stehen kommt (der äußere Rand der Röhre schließt ungefähr mit der vorderen Prismenfläche ab), und daß zweitens an allen Stellen der Kittfläche eine innige, durch keine Luftbläschen unterbrochene Verbindung hergestellt ist. Es gelingt letzteres sehr gut, wenn man dafür Sorge trägt, daß die Kittschicht möglichst dünn und der Kitt selbst nicht zu dickflüssig ist.

Die beschriebene Manipulation hat den Vorzug größter Reinlichkeit. Eine Beschmutzung der Rohrwand durch den Kitt ist völlig ausgeschlossen.

Das Loslösen der Röhre soll stets durch langsames Aufweichen des Kittes durch eine Flüssigkeit, niemals unter Anwendung von Gewalt bewirkt werden, weil hierbei zu leicht das Prisma durch Ausspringen von Glasstücken beschädigt wird.

d) *Die auswechselbaren Prismen*

Um seinem „Refraktometer für Chemiker“ einen recht großen Meß- und damit Anwendungsbereich zu geben, hat Pulfrich von vornherein sein Instrument mit auswechselbaren Prismen ausgestattet. Durch die mit Flintprismen von abgestuftem Brechungsindex versehenen Prismen I, II und III ist der außerordentlich weite Bereich von $n = 1{,}300$ bis $1{,}907$ meßbar, der größte von allen verbreiteten Refraktometern, der nur noch von dem des Refraktometers mit veränderlichem brechenden Winkel[1]) übertroffen wird. Für die Aufgabe, den Unterschied der Lichtbrechung zweier optisch ähnlichen Flüssigkeiten, etwa einer biochemisch behandelten und einer nicht behandelten Lösung, wiederholt zu messen, ist das Differenzprisma bestimmt; es ist ein vergrößertes Prisma I oder II, dessen Innenraum durch eine in Richtung des einfallenden Lichts, d. h. der Ebene des Teilkreises parallel verlaufende wasserdicht eingekittete Scheidewand aus schwarzem Glas in zwei gleiche Hälften geteilt ist. Wegen der in letzter Zeit erhöhten Anforderungen an die Sicherheit der Messungen, namentlich bei höheren Temperaturen als etwa 50°, wird das Differenzprisma ebenfalls mit einem silbernen Erhitzungs-Apparat und einem aufschiebbaren Heizringe ausgestattet. Das dem Prisma I entsprechende Differenzprisma führt die Bezeichnung IV, dem Prisma II ist Differenzprisma V zugeordnet. — Außerdem ist auf jedem Prisma neben der Ordnungsnummer ein Buchstabe eingraviert, der die Glasserie bezeichnet, zu der das Prisma gehört. Hier sei darauf hingewiesen, daß alle zu Refraktometerprismen benutzten Glasschmelzen bereits gegen die normale Feuchtigkeit des Fingers „fleckenempfindlich" sind. Der Buchstabe neben den Nummern gibt dem Verfertiger der Refraktometer eindeutig an, aus welcher Schmelze jedes einzelne Prisma stammt, und welche Umrechnungstabelle ihm zugeordnet ist (s. u.).

e) *Die Einrichtung zur Winkelmessung*

Nach der Pulfrichschen Arbeitsweise sind zweierlei Winkel zu messen, erstens der Austrittswinkel i_D für die Farbe D ($\lambda_1 = 589{,}0$ mμ und $\lambda_2 = 589{,}6$ mμ, Mittelwert $\lambda_D = 589{,}3$ mμ) auf $\pm 1'$ genau mit Hilfe von Teilkreis und Nonius, und zweitens die Unterschiede der Austrittswinkel ($i_D - i_C$ u.s.f.) für die anderen Farben

[1]) C. Pulfrich in E. Gehrckes Handbuch d. physikal. Optik I, 1 S. 121ff, Leipzig 1926.

gegen den erstgenannten (i_D), auf 0,1′ genau mit Hilfe der Mikrometerschraube. Der Teilkreis, mit dem ja das Fernrohr fest verbunden ist, hat eine Teilung in halbe Grade und einen Nonius zur Ablesung der einzelnen Minuten; die 30 Intervalle des Nonius sind auf den Winkelwert von 29 halben Graden des Teilkreises verteilt. Der Nullpunkt des Nonius ist der Index am Teilkreise; er zeigt den Winkel i_D in ganzen Graden an, zu denen, falls der Nullstrich zwischen einem Strich für einen halben Grad und dem Striche des nächst höheren Grades liegt, sofort noch 30′ zuzuschreiben sind. Nunmehr verfolgt man im Gesichtsfelde der schwenkbaren Lupe den Nonius und die Teilung soweit, bis ein Teilstrich des Kreises sich mit einem des Nonius verlängert. Im Nonius zählt man vom Nullpunkt an ab, der wievielte Noniusstrich dies ist; diese Ordnungszahl gibt die Zahl der Minuten an, die man dem bereits aufgeschriebenen, am Teilkreise abgelesenen Winkel noch hinzuzufügen hat, um den gesuchten Winkel i_D zu erhalten. Der Winkel i_D zeigt die Lage an, die das Fernrohr hat, wenn die Grenzlinie des gelben Natriumlichts von der Wellenlänge $\lambda =$ 589,3 mμ durch den Schnittpunkt des Fadenkreuzes im Okulare geht. Um sie so einzustellen, bewegt man das Fernrohr, nachdem die Grenze erst einmal in das Gesichtsfeld gebracht worden ist, nicht mehr von Hand, sondern klemmt es mit der Schraube KS (in Abb. 9) fest, und schiebt mit Hilfe der Mikrometerschraube die Grenze langsam bis an das Fadenkreuz heran. Man mache es sich, um gegen den im Laufe eines mehrjährigen Gebrauchs kaum vermeidbaren „toten Gang" der Schraube gefeit zu sein, zur Regel, immer gegen den Druck der Feder zu arbeiten, die das kugelförmige Schraubenende (keine Spitze!) gegen den Amboß drückt. Die Einrichtung ist so getroffen, daß bei Einhaltung des soeben empfohlenen Sinnes der Schraubendrehung die Zahlen an der sich drehenden Trommel wachsen. Im Gesichtsfelde ist der richtige Sinn der Drehung an folgendem zu erkennen. Rückt man mit der Hand, also ehe der Teilkreis festgeklemmt ist, das Fadenkreuz in den gelben Streifen hinein, so ist es nach der Klemmung mit Hilfe der Schraube auf die scharfe Grenze hin zu bewegen. Das flache gleichschenkelige Dreieck, das von den Fäden und der Grenze gebildet wird, schrumpft bei der Einstellbewegung mehr und mehr zusammen, bis sein letzter Rest scheinbar ein flach gedrückter Punkt, plötzlich verschwindet. Dieses Einstellkriterium ist so scharf, daß bei wiederholtem Einstellen die aufeinanderfolgenden Ablesungen an der in 200 Teile = 200 Zehntel Minuten geteilten Trommel sich nur um wenige Teile voneinander unterscheiden, dabei dient der obere Rand des waagerechten Lineals vor der Trommel als Index für die Ablesung. Nun bildet man den Mittelwert von 5 Einstellungen und stellt die Trommel auf diesen ein. Jetzt kehrt man zur Lupe am Teilkreis zurück und liest den Nonius ab; ergeben sich zwei Strichpaare, die gleich gut aufeinanderpassen, so notiert man weder die eine noch die andere Zahl (etwa 18 und 19) sondern deren Mittel (18.′5). Um die Einteilung der Mikrometerschraube und deren Bezifferung sowie den Sinn des als Umdrehungszähler dienenden Lineals vor der Trommel zu verstehen, stelle man, nachdem der Teilkreis geklemmt ist, den Nullstrich des Nonius, also den Index des Teilkreises, mit Hilfe der Schraube genau auf einen ganzen Grad, und notiere die Anzeige der Mikrometerschraube: dann bewege man den Teilkreis so weit, daß der nächst höhere Grad angezeigt wird, und zähle die dazu notwendigen ganzen Umdrehungen. Es sind drei. So entsprechen also 3 Umdrehungen der in 200 Teile geteilten Trommel einem Winkel von 1°. 600 Teile ~ 60′, d. h. 10 Teile = 1′, und 1 Teil = 0.′1. Da jeder zehnte Teil der Trommel beziffert ist, bedeuten die Zahlen 0, 1, 2 bis 19 ganze Minuten. Dicht an der Trommel liegt eine feine, waagerechte Teilung, in der jeder dritte Strich beziffert ist; deren oberer Rand dient, wie bereits erwähnt, als Index zum Ablesen der Trommelteile; andererseits dient der rechte Rand der Trommel als Index für die eben genannte waagerechte Teilung, den Umdrehungszähler. Da drei Umdrehungen erforderlich sind, um den Trommelrand von einem bezifferten Teilstriche zum nächsten zu führen, bedeutet jedes Intervall eine Umdrehung der Trommel = 20′. Ehe man zur Benutzung der Mikrometerschraube schreitet, notiere man zur eigenen Übung etwa ein Dutzend Ablesungen, um sich später vor ärgerlichen Ablesefehlern zu bewahren. Die Schraube ist eine Tangentenschraube, und deren Länge ist so bemessen, daß in ihrem Winkelbereiche der Wert des Tangens praktisch dem des Arcus gleich ist.

f) Der Verlauf einer Einzelmessung der Brechungsindices einer Flüssigkeit

α) Die Beschaffung eines Heizwasserstroms von konstanter Temperatur

Als Normaltemperaturen gelten in der gemäßigten Zone 20° für alle bei diesen Temperaturen flüssigen Substanzen, und 40° für

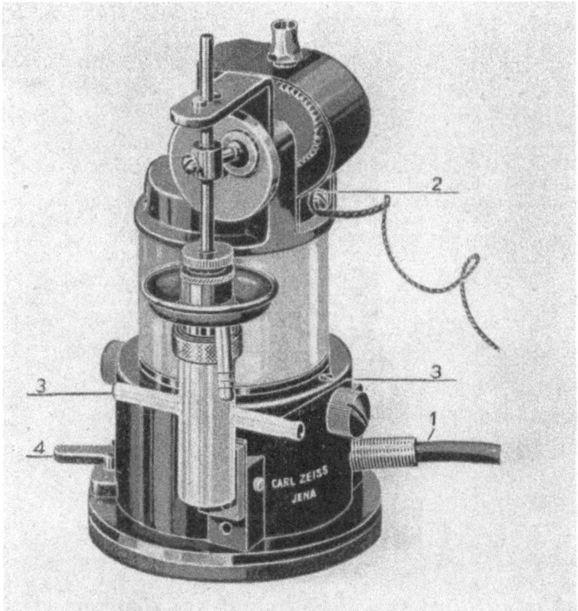

Abb. 14 Die elektrische Pumpeinrichtung mit Kabel (1) für Netzanschluß, Erdungsklemme und Draht (2), Saug- u. Druckstutzen (3,3), Tourenregler (4).

Fette, in den Tropen 28° und 40°. — Wo der Thermostat des Laboratoriums erreichbar ist, ist die Aufgabe, einen zuverlässig gleichmäßig temperierten Heizwasserstrom zu beschaffen, durch Einschaltung einer elektrisch, mit einem Heißluftmotor oder einem Wassermotor betriebenen Pumpe gelöst. Im Kreislauf wird das Wasser aus dem Vorratsgefäße angesaugt, durch den Erhitzungs-Apparat und das Prisma des Refraktometers gedrückt

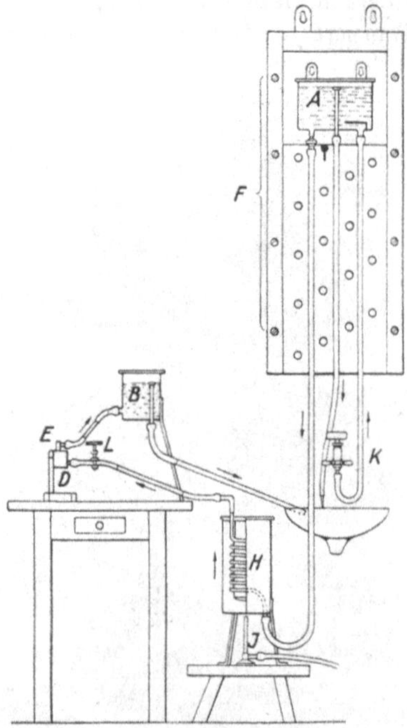

Abb. 15 (etwa $^1/_{12}$ nat. Gr.). Heizspirale (H) und Wasserdruckregulator (A, B) mit Bunsenbrenner I, oberem Behälter A mit Überlauf, unterem Behälter B mit Ablauf und dem schematisch angedeuteten heizbaren Prisma DE eines beliebigen Refraktometers.

und in das Vorratsgefäß zurückgeleitet. Die in Abb. 14 dargestellte Pumpe, die mit Netzstrom (220 V Wechselstrom) betrieben wird, hat für gelegentliche Messungen auch ohne Thermostat mit einem 20 l-Topf mit Filzmantel als Vorratsgefäß für den Kreislauf sich vielfach bewährt. Andererseits ist Pulfrichs Heizspirale mit Wasserdruckregulator (Abb. 15) noch heute tausendfach in Gebrauch. Für die Herstellung wechselnder Temperaturen im Heizwasserstrom dagegen ist der Ultra-Thermostat nach Höppler[1]) unerreicht

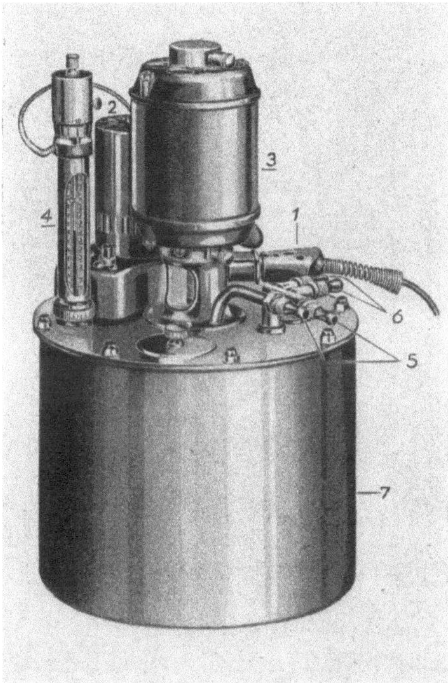

Abb. 16 (etwa $^1/_6$ nat. Gr.) Ultra-Thermostat nach Höppler mit Netzanschluß (1), Relais (2), Elektromotor mit Pumpe (3), Thermometer (4) zum Einstellen der gewünschten Temperaturen, Anschlüssen zum Refraktometer (5) und dem Wasservorratsgefäß (6).

bequem und zuverlässig (Abb. 16); zwischen —25° und 170° C läßt sich jede Temperatur in überraschend kurzer Zeit einstellen;

[1]) F. Höppler, Z. f. angew. Chem., Heft 5 der Forschungsberichte der Firma Gebr. Haake, Dresden-Medingen 1942.

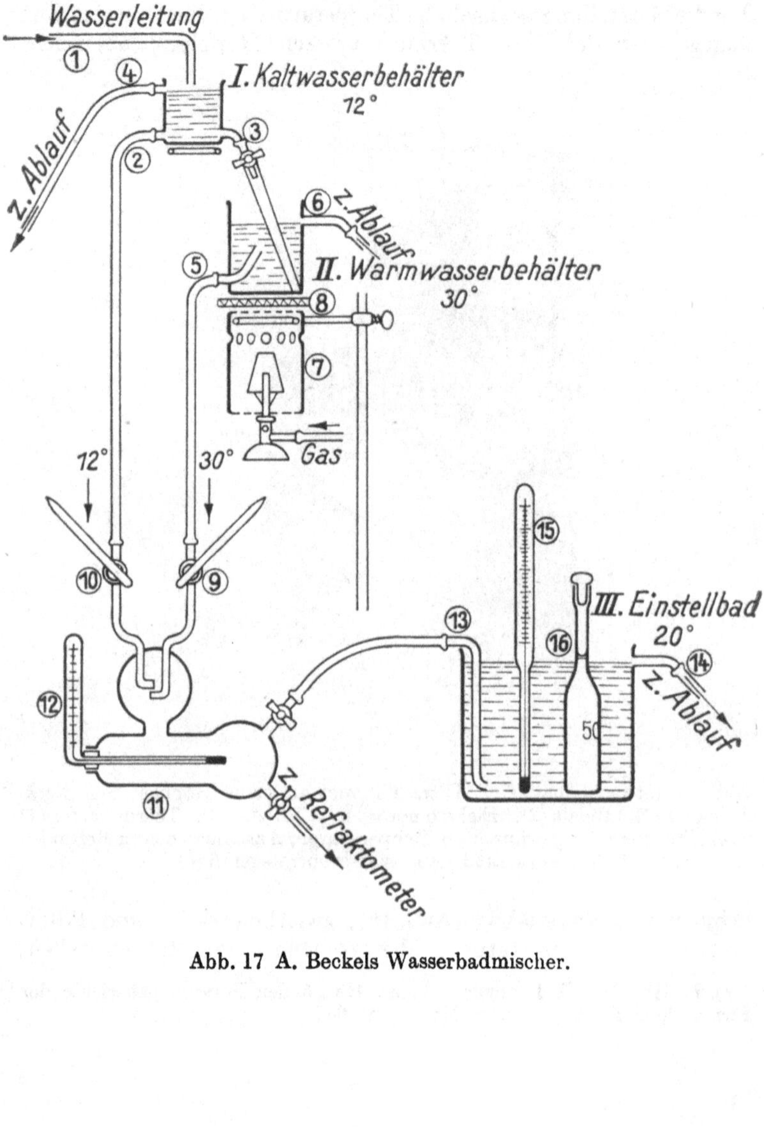

Abb. 17 A. Beckels Wasserbadmischer.

sie bleibt dann stundenlang innerhalb $\pm 0{,}02°$ C konstant. Für Temperaturen über 90° empfiehlt es sich, als Heizflüssigkeit an Stelle von Wasser Glykol einzufüllen. Als Betriebsstrom dient Wechselstrom von 220 V. Schließlich sei als billigste und bei sachgemäßer Handhabung sehr befriedigend wirksame Ergänzung zum Wechsel der Temperatur bei der Pulfrichschen Einrichtung der Wasserbadmischer nach A. Beckel[1]) genannt, der für die Einstellung einer neuen Temperatur, etwa 40° nach 20°, ebenfalls nur wenige Minuten erfordert (Abb. 17). — Unabhängig von der Wahl der Temperiereinrichtung halte man sich an die Regel, mit dem Einfüllen der ersten Probe in das Gefäß auf dem Prisma erst zu beginnen, nachdem das Thermometer des Erhitzungs-Apparates 15 Minuten lang auf demselben Striche seiner Teilung still steht. Diese Wartezeit wird wie folgt ausgefüllt:

β) *Die Lichtquellen und die Regelung der Beleuchtung vor Beginn einer Messungsreihe*

Die Natriumlampe wird entweder mit Gas oder elektrisch betrieben. Der Gas-Natriumbrenner hat zwei unangenehme Eigenschaften, die wechselnden Konturen der an sich erwünschten breiten Flamme und die Wärmeentwicklung des Flachbrenners. Gegen die schädliche Erwärmung wird das Refraktometer und die Probe dadurch geschätzt, daß man erstens eine 1 cm starke Schutzglasplatte zwischen Brenner und Refraktometer und zweitens den Brenner etwa 50 cm hinter dem Teilkreise des Refraktometers (vgl. Abb. 8) aufstellt. Der Brenner wird dann seitlich so verschoben, daß das Prisma A, nachdem man es zu seinem hinteren Anschlage, also zwischen den Kondensor G und das Prisma geschwenkt hat, das Licht des Brenners rechtwinklig ablenkt und in das Prisma des Refraktometers wirft.

Die flackernden Ränder der Flamme werden durch die rechteckige Blechblende auf dem Brenner unsichtbar gemacht. Die rechteckige Form der Leuchtfläche erleichtert die Aufgabe, das verkleinerte reelle Bild aufzufinden, das durch eine mit dem

---

[1]) A. Beckel, Chem. Z. 56, 331 (1932).

Prisma *A* verbundene Sammellinse dicht vor dem Prisma entworfen wird. Man fängt es auf einem an das Glasröhrchen des Refraktometers gehaltenen Blatt Papier auf und rückt nun den Brenner endgültig in seine richtige Lage. Die durch Unterlegen von Klötzen oder durch Einklemmen des Brenners in die Klaue eines stabilen Laboratoriums-Stativs ein für alle Mal abzustimmende Höhe ist richtig, sobald der Beobachter, der rechts neben dem Refraktometer steht, über das noch nicht gefüllte Prisma hinweg nach *A* blickt und feststellt, daß das Flammenbild von der Verlängerung der waagerechten Prismenfläche durchschnitten wird. Von da an ist an der Stellung des Natriumbrenners oder der Natriumdampflampe (Abb. 18) nichts mehr zu ändern. — Die Natriumdampflampe hat eine Leuchtfläche von etwa 5 qcm, deren Flächenhelligkeit mindestens zwanzigmal größer ist, als die der Gasnatriumlampe mit Bunsenbrenner. Sie wird an die 220 V- Lichtleitung unmittelbar angeschlossen und leidet nicht an dem Mangel der unerwünschten Wärmeentwicklung und der gänzlich entbehrlichen Verschlechterung der Luft in dem für Präzisions-Instrumente vorgesehenen Beobachtungsraum, dessen Belüftung vielfach durch die Verdunkelungsvorrichtung erschwert ist; Verfertiger Firma Osram G.m.b.H., Berlin. (Vgl. Liste SP 1951).

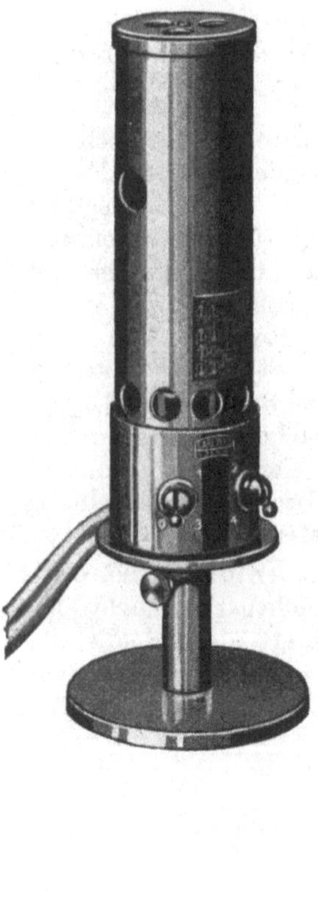

Abb. 18 Natriumdampflampe mit Schutzrohr, am Sockel zwei Schalter für die vier vorgeschriebenen Schaltungen zum Anheizen und für Dauerstrom.

Die Zackenblende. An der Fassung des Kondensors ist eine aus schwarzem Blech bestehende Blende angebracht, die man wie einen Schlagbaum herunterklappen kann. Sie hat folgende Aufgabe. Bei der Beleuchtung des mit der Probe bereits gefüllten Prismas mit Natriumlicht sieht man im Okulare einen breiten gelben Streifen mit zwei Rändern. Der Anfänger ist im Zweifel, ob er den oberen oder den unteren Rand als die Grenzlinie anzusprechen hat. Die Entscheidung bringt die Zackenblende. Schlägt man sie aus ihrer höchsten Lage allmählich herunter, während man in das Fernrohr sieht, so wird der gelbe Streifen allmählich schmäler, aber nur von einem Rande her, dem unteren, der nicht so scharf ist wie der obere. Der obere, seine Lage nicht verändernde Rand des Streifens ist die Grenzlinie, auf deren Schärfe man alle Mühe bei der Regelung der Beleuchtung zu beschränken hat. — Schaltet man dann das Licht der Geißlerschen Röhre ein, so sieht man einen zweiten Nutzen der Zackenblende: sie verschmälert die farbigen Streifen, so daß sie sich nicht überdecken, sondern einzeln zur Einstellung ihres scharfen Randes auf den Schnittpunkt des Fadenkreuzes dienen können.

γ) *Die Einstellung des Beleuchtungsapparats für die Geißlerschen Röhren*

Wegen der neuerdings üblichen Ausdehnung der Messung der Farbenzerstreuung von den anfänglich ausschließlich benutzten drei Farben des leuchtenden Wasserstoffs H_α, H_β, und H_γ, mit den Wellenlängen $\lambda_C = 656{,}3$ mμ, $\lambda_F = 486{,}1$ mμ und $\lambda_{G'} = 434{,}1$ mμ auf die günstig im Spektrum gelegenen *Hg*-Linien mit den Wellenlängen $\lambda_e = 546{,}1$ mμ und $\lambda_g = 435{,}8$ mμ und die gelbe Heliumlinie mit $\lambda_d = 587{,}6$ mμ ist die Haltevorrichtung am Kondensor zur Aufnahme zweier Geißlerschen Röhren abgeändert worden. Die Anschläge der Schwenkvorrichtung sind so abgestimmt, daß jeder für eine Röhre paßt; dies dient zur Erleichterung des Wechsels der Lichtquellen innerhalb einer Beobachtungsreihe. Als Lichtquelle dient hier der hellste Teil der Leuchterscheinung, die das Geißlersche Rohr (Abb. 19) dem Auge darbietet; dies ist nicht die helle enge Kapillare, sondern deren noch hellerer Querschnitt, obwohl er einen Lichtpunkt von kaum mehr als 0,5 mm Durchmesser liefert. Wegen seiner geringen Ausdehnung muß dieser Punkt durch das Kondensor-System vergrößert und mit besonderer Sorgfalt an derselben Stelle des Prismas abgebildet werden, wie das verkleinerte Bild der großen Fläche der Natriumlampen. Das Geißlerrohr wird in seinem Halter so eingeklemmt, daß seine Kapillare in der Achse der 2 Kondensorlinsen liegt; Höhe und Richtung der Kapillare sind hierdurch festgelegt. Dann ist die eine verstellbare Linse, die man nach Lösen einer Klemmschraube mitsamt dem Geißlerrohre aus der Fassung herauszieht, allmählich wieder soweit hineinzuschieben, bis auf einem, an das Röhrchen auf dem Prisma gehaltenenen Blatt Papier ein scharf begrenztes blendend helles Bildchen des Querschnitts der leuchtenden Kapillare erscheint; dieses hat etwa 2 mm Durchmesser. Die richtige Höhenlage, die für die Helligkeit der Grenzlinien außerordentlich wichtig ist, hat dieses Bildchen erst dann, wenn es von der waagerechten Fläche des noch nicht gefüllten Prismas etwa halbiert wird. Hiervon überzeugt der Beobachter sich in gleicher Weise, wie oben für die Lage des Bildes der Natriumlampe empfohlen wurde. Durch die unter der Säule des Kondensors in Abb. 8 erkennbare Stellschraube *St* wird dieser und das von ihm entworfene leuchtende Bildchen leicht in die richtige Höhe gebracht.

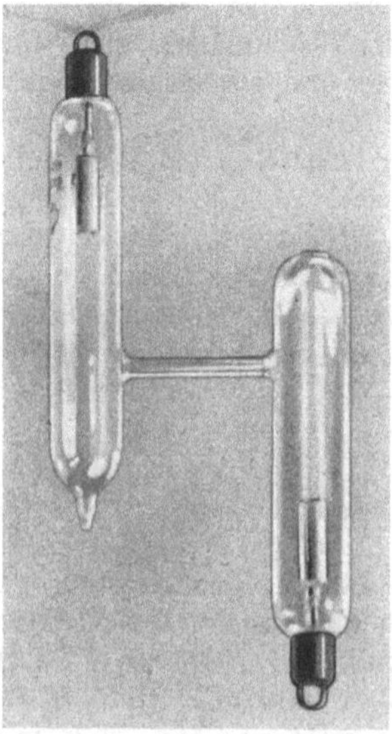

Abb. 19 Geisslersche Röhre neuer Form mit Vorratsgefäß zur Erhöhung der Lebensdauer.

Um mit der H + Hg-Röhre das Quecksilber-Spektrum zum Leuchten zu bringen, erwärmt man das untere Ende der Röhre, in der ein Quecksilbertropfen ruht, behutsam mit einer schwachen Flamme bis zum Farbenumschlag.

δ) *Die Füllung des Prismas*

Nach der Regelung der Temperatur und der Beleuchtung hebt man den Heizring, der auf das Glasröhrchen aufgesteckt ist, hoch und füllt von der Probe soviel ein, wie ein Vorversuch, etwa mit Wasser, als hinreichend erwiesen hat. Die eingefüllte Menge war zu klein, wenn beim Niederschrauben des metallenenen Erhitzungsgefäßes zwischen dessen schräger Bodenfläche und der Oberfläche der Probe noch ein Luftraum verblieben wäre; eine an dieser Stelle etwa festsitzende Luftblase wird durch allmähliches Kippen des ganzen Refraktometers zum Weichen gebracht. Sie würde den Temperaturausgleich beeinträchtigen. Dann läßt man den Heizring wieder herunter und beginnt, sobald die Grenzlinie des Natriumlichts scharf geworden ist und still steht, mit der eigentlichen Messung.

ε) *Die Messung kleinster Proben im Glasröhrchen mit polierter Grundfläche und Thermometer*

Reicht die vorhandene Menge der Probe nicht aus, um den Raum bis zur schrägen Bodenfläche des metallenen Erhitzungsgefäßes zu füllen, so schlägt man das Erhitzungsgefäß zur Seite und nimmt zu einem dickwandigen Glasröhrchen mit etwa 6 mm lichter Weite seine Zuflucht, dessen Bodenfläche genau eben geschliffen ist, während sein oberes Ende einen konisch eingepaßten Stopfen trägt, durch den ein Thermometer gesteckt und fast bis zur Bodenfläche geführt ist. Dieses Röhrchen hat keinen Boden; seine polierte ringförmige Grundfläche paßt aber auf die waagerechte Fläche des Prismas I, II oder III so gut — vorausgesetzt, daß sie staubfrei aufgesetzt wird —, daß einige von oben eingefüllte Tropfen der Probe nicht unten auslaufen. Der Glasstopfen mit dem Thermometer wird behutsam aufgesetzt, ohne das Röhrchen zu kippen. Die Quecksilberbirne des Thermometers soll eben noch in die Probe eintauchen; von der dazu erforderlichen Menge Flüssigkeit überzeugt man sich durch einen Vorversuch. Selbst bei dieser Art der Messung ist das Refraktometerprisma sorgfältig zu heizen und die Probe vorzutemperieren. So ermöglicht das Pulfrichsche Refraktometer die Messung des Brechungsindex und der Farbenzerstreuung selbst sehr hochbrechender Flüssigkeiten (mit Prisma III), von denen nur wenige Tropfen zur Verfügung stehen, bei bekannter oder gewünschter Temperatur, und ist in dieser Hinsicht dem Kristallrefraktometer überlegen, bei dem eine zuverlässige Temperierung nicht möglich ist.

ζ) *Die Ablesungen am Teilkreis und an der Meßtrommel*

Obwohl die Ermittlung des Winkels i_D das erste Ziel ist, empfiehlt es sich doch, zunächst das spiegelnde Prisma C (in Abb. 8) für das Licht der Natriumlampe aus dem Strahlengange zu klappen und mit dem der Geißlerschen Röhren zu beobachten. Man sucht durch langsames Schwenken des Fernrohres von seiner höchsten Lage ($i_D = 0$) aus nach unten das Spektrum auf, das hier von mehreren breiten Farbbändern gebildet wird. Für die allerersten Studien ist als Probe eine Flüssigkeit von schwacher Farbenzerstreuung zu benutzen, da diese eine Folge von weit auseinanderliegenden Farbbändern, den Grenzlinien, im Gesichtsfelde liefert. Hat man die schöne Erscheinung gefunden, so klemmt man das Fernrohr fest und versucht, sie mit Hilfe der Meßschraube, die hier zunächst nur als Feinstellschraube beansprucht wird, durch das Gesichtsfeld so zu bewegen, daß sowohl die rote C-Linie des H-Spektrums wie die violette Linie g ($\lambda = 435{,}8\ \mathrm{m}\mu$) des Hg-Spektrums auf das Fadenkreuz gerückt werden kann. Dies gelingt vermutlich beim ersten Male nicht; dann stellt man die Meßtrommel auf ihren Mittelwert, etwa $2°\,40'$, löst das Fernrohr von seiner Klemmung und rückt nun das Spektrum so in das Gesichtsfeld, daß die rote Linie und die violette nach Augenmaß gleichviel von ihrem Rande des Feldes entfernt sind. Klemmt man nun das Fernrohr wieder, so wird die Meßschraube auf ihrem Wege von 0° bis 5° der Reihe nach jede Grenzlinie über das Fadenkreuz bewegen. Jetzt schaltet man einmal das Natriumlicht in den Strahlengang ein und benutzt sein breites Lichtband, um auf diesem als willkommenem Hintergrunde die Okularlinse scharf auf das Fadenkreuz einzustellen. Der Anfänger ist geneigt, die vorschriftsmäßig zuerst möglichst weit auf das Auge zu herausgeschraubte Linse beim Scharfstellen unnötig weit hineinzuschrauben, d. h. so einzustellen, wie ein Kurzsichtiger es tun muß. Dies würde zu einer raschen Ermüdung des Auges führen, die unbedingt zu vermeiden ist. Man soll, ehe man in das Okular hineinblickt, erst eine kleine Weile in die Ferne sehen, mehrere Meter weit im Zimmer, oder zum Fenster hinaus, dann, also, wie der Fachausdruck lautet, mit entspannter Akkomodation, ins Okular sehen und nun die Linse nur soweit einschrauben, daß das Fadenkreuz mühelos scharf erscheint. Von den zwei Rändern des gelben Farbbandes ist nur der obere wichtig, „die Grenzlinie"; der andere Rand kann durch Heben oder Senken des Natriumbrenners bewegt werden, während bei dieser Probe die Grenzlinie selbst ihre Lage beibehält. Will man, was die Ausnahme ist, nur n_D messen, so verfährt man nach der oben angegebenen Vorschrift: wiederholte Einstellung der Grenze auf den Schnittpunkt des Fadenkreuzes, jedesmalige Ablesung der Trommel, Bildung des Mittelwertes der Ablesungen, Einstellung der Trommel auf diesen und schließlich Ablesung von i_D auf eine bis eine halbe Minute genau am Nonius des Teilkreises. Sollen aber die Dispersionswerte, z. B. $n_F - n_D$, $n_D - n_C$ u.a.m. ermittelt werden, so geht man bei festgeklemmtem Fernrohre mit der Meßschraube an deren Anfangslage, also nahezu an Null Grad heran und schlägt das Spiegelprisma für das Natriumlicht wieder aus dem Strahlengang. Man überzeugt sich zunächst von der Konstanz der Temperatur am Thermometer und protokolliert dessen Anzeige. Dann stellt man eine Grenzlinie nach der anderen, jede mehrere Male, auf das Fadenkreuz ein, und protokolliert je fünf zusammen gehörende Ablesungen der Trommel. Zwischen der Linie C ($\lambda = 656{,}3$) und e ($\lambda = 546{,}1$) schaltet man die Messung der D-Linie ein, bei der, als einziger, nach den Ablesungen der Trommel für deren Mittelwert die Ablesung am Teilkreise (i_D) vorgenommen und notiert wird. Danach wird der Natriumbrenner gelöscht, damit die Gefahr der Erwärmung des Refraktometers durch die Strahlung des Brenners vermieden wird. Ist die Helligkeit innerhalb der Grenzlinien der Geißlerschen Röhren in unmittelbarer Nachbarschaft der Grenze selbst nicht ganz so gut, wie sonst im bunten Streifen, so wird sie durch behutsames Heben und Senken des ganzen Kondensors mit Hilfe der Stellschraube unter diesem verbessert. An der Höhenlage der Geißlerschen Röhren selbst braucht dabei nichts geändert zu werden, falls bei der Einstellung der Röhren die oben gegebenen Vorschriften beachtet worden waren. — Zur Vermeidung von Fehlern der Ablesungen wird empfohlen, nach Abschluß dieser Meßreihe eine zweite, parallele Reihe von Einstellungen vorzunehmen, nachdem man die Klemmschraube des Fernrohres gelöst und die C-Linie auf einen von dem Werte der ersten Meßreihe ein wenig, etwa 15′ — aber nicht um einen runden Betrag wie etwa 20.′ — abweichenden Wert eingestellt, und dann die Klemmschraube wieder angezogen hat. Man erhält so eine zweite Zahlenreihe, deren Differenzen denen der ersten bis auf ganz kleine Beträge, einzelne Zehntel Minuten, gleich sind, falls jede Meßreihe fehlerfrei ist. — Das gleiche Verfahren ist nötig, wenn der Beobachter im Verlaufe einer Meßreihe durch irgend einen Anlaß gestört worden ist. Zeigt sich ein wenn auch geringer Gang der Temperatur, so empfiehlt es sich, eine hin- und zurückgehende Messungsreihe — von Rot zu Violett und sofort umgekehrt zurück nach Rot — vorzunehmen, und die Temperatur bei jeder Farbe einzeln zu notieren. Dann werden sowohl von den beobachteten Winkelwerten wie von den Temperaturen die Mittelwerte gebildet und der anschließenden Rechnung zu Grunde gelegt.

η) *Der Nullpunkt des Teilkreises und seine Prüfung*

Zeigt der Nullstrich des Nonius am Teilkreise auf genau 0°0′, so bedeutet dies, daß die Achse des Fernrohrobjektivs unbeschadet ihrer Knickung durch ein Reflexionsprisma rechtwinklig zur senkrechten Austrittsfläche des Prismas steht; sie bildet mit der Normalen zu dieser Prismenfläche den Winkel Null. Sollte das Prisma, das ja in eine metallene Fassung eingekittet ist, im Laufe der Benutzung, insbesondere infolge der immer wiederkehrenden Erwärmung seine Lage zur Fernrohrachse ein wenig ändern, so würde diese bei der Ablesung 0°0′ am Teilkreise mit der Normalen zur Prismenfläche nicht mehr zusammenfallen. Diese Tatsache durch eine Beobachtung zu prüfen, ist die Aufgabe der in Abb. 20 dargestellten Hilfsvorrichtung, eines in der Okular eingebauten kleinen Spiegelprismas, das ein seitliches Stück des Fadenkreuzes beleuchtet, wenn man vor sein aus der Okularfassung seitlich herausragendes Ende *a* eine kleine Lichtquelle setzt. Deren Licht geht dann von dem Fadenkreuze aus durch das Fernrohrobjektiv und trifft, falls der Teilkreis auf den Nullpunkt eingestellt ist, unter einem Winkel von 90° auf die senkrechte Prismenfläche. Diese wirkt als, wenn auch unbelegter, Spiegel und sendet das Licht an seinen Ausgangsort zurück. Da es aus der Brennebene des Fernrohrobjektivs kommt, wird es auch in dieser wieder zu einem umgekehrten reellen Bilde desjenigen Stückes des Spiegelprismas vereinigt, das das seitliche Stück des Fadenkreuzes am Anfange seines Weges beleuchtet hat. So erblicken wir im Okulare (Abb. 20) ein rechteckiges helles Feld *p'*, das von dem Schatten zweier Stücke der Fäden durchzogen ist, die neben den direkt gesehenen Fäden liegen. Wurde der Teilkreis im Anfange der Beobachtung geklemmt, so kann man durch eine kleine Drehung der Mikrometerschraube die gespiegelten Fäden mit dem Fadenkreuze selbst zur Deckung bringen. Jetzt liest man am Nonius den Teilkreis ab und findet den Wert 0°0' nur dann, wenn wie bei einem neuen Instrumente, die Fernrohrachse auf der zu prüfenden Prismenfläche genau senkrecht steht. Weicht dagegen die Ablesung von Null ab, ergibt sie z. B. den Wert —2', so ist jeder am Teilkreise abgelesene Winkel um 2' zu klein; die Nullpunktskorrektion beträgt also in diesem Falle +2'; sie ist an jedem am Teilkreise gemessenen Winkel anzubringen, hat aber keinen Einfluß auf die Ablesungen an der Mikrometertrommel.

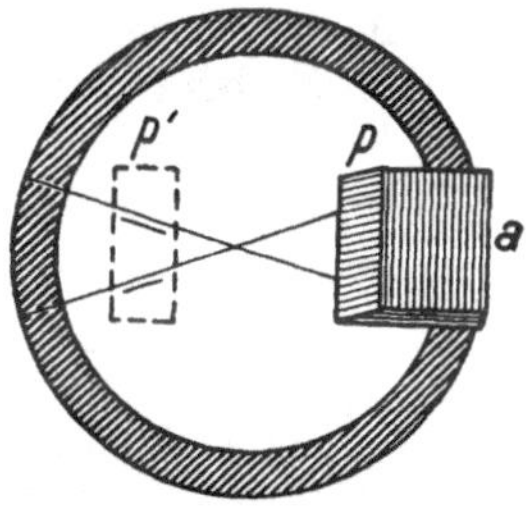

Abb. 20 Fadenkreuz mit Beleuchtungsprisma und zwei gespiegelten Fäden, zur Prüfung der Nullage des Fernrohres.

g) *Beispiel einer Messungsreihe*

Die Tabellen, die dem Pulfrichschen Refraktometer der Firma Carl Zeiss Jena zur Zeit beigegeben werden, enthalten Korrektions-Columnen für die Wellenlängen $\lambda_C = 656{,}3\ \mathrm{m}\mu$, $\lambda_d = 587{,}6\ \mathrm{m}\mu$, $\lambda_e = 546{,}1\ \mathrm{m}\mu$, $\lambda_F = 486{,}1\ \mathrm{m}\mu$, $\lambda_g = 435{,}9\ \mathrm{m}\mu$ und, bei Prisma II und V, $\lambda_h = 404{,}7\ \mathrm{m}\mu$, man erhält also neben n_D noch 5 oder 6 andere Brechungsindices als Ergebnis der Messung. Im folgenden Rechenschema beschränken wir uns auf die Berechnung des Brechungsindex für die Farben *D*, *C* und *F*, da die Berechnung der übrigen 3 oder 4 Werte in genau gleicher Weise erfolgt, wie für *F*, und geben auch die abgelesenen Werte nur für die zur Berechnung herangezogenen Farben an.

α) *Das Messungs-Protokoll*

Ablesung i_D am Teilkreise		Ablesungen an der Mikrometerschraube (3 Reihen)			Berechnete Winkeldifferenzen gegen *D*
					Mittel der 3 Werte:
32° 23,5′	*C*	1° 45,0′	1° 17,6′	0° 58,3′	
		0° 24,5′	0° 24,6′	0° 24,6′	*C-D* = −0° 24,6′
	D	2° 9,5′	1° 42,2′	1° 22,9′	*d-D* =
Nullp. Korr. +0° 2′	*d*	......	......	......	
i_D = 32° 25,5′		1° 5,0′	1° 5,0′	1° 4,9′	*F-D* = + 1° 5,0′
	F	3° 14,5′	2° 47,2′	2° 27,8′	
	g	......	......	......	*g-D* = ...
	h	......	......	......	*h-D* = ...

β) *Die Berechnung der Einzelwerte n_λ aus den gemessenen Winkeln*

n_D ergibt sich aus dem korrigierten Winkel $i_D = 32°25{,}5'$ nach der Tabelle I[f] wie folgt:

Es gehört zu $i = 32°20'$: $n_D =$ 1,52920

Da $\frac{\triangle n}{10'} = 0{,}00086$ lt. Kol. 4, ergeben $5'.5$: $\triangle n = -0{,}00047$

und zwar mit dem Zeichen —, weil n mit wachsendem i abnimmt, also ist: $n_D =$ 1,52873

Um n_C zu finden, wird zunächst i_C aus i_D und der Winkeldifferenz $C—D = —0°24,'6$ berechnet: $i_D =$ 32°25,'5

$(C—D) = —$ 0°24,'6

$i_C =$ 32° 0,'9

Sodann wird aus Tabelle I[f] der dem Winkel $i_C =$ 32°0,'9 zugeordnete Wert n entnommen, der aber noch nicht n_C ist; er heißt Zwischenwert.

Zu 32°—' gehört: $n =$ 1,53092

für 0,'9 sind abzuziehen (wie oben): $\triangle n = —$ 0,00008

Zwischenwert: = 1,53084

Diesen Wert, der aus dem Winkel i_C und der für die Farbe D geltenden zweiten Kolumne der Tabelle I[f] abgeleitet ist, muß man, um zu dem gesuchten Wert n_C zu kommen, noch um den Betrag korrigieren, der in der fünften Kolumne als Korrektionswert für C in Einheiten der fünften Dezimale angegeben ist. Für die Farbe C (und nur für diese) ist die Korrektion negativ

Es gehört zu $i_C = 32°09'$, d. h. zu: $n =$ 1,53084

die Korrektion: — 0,00517

also ist $n_C =$ 1,52567

Ähnlich gestaltet sich die Berechnung von n_F.

Es ist $i_F = i_D + (F—D) = 32°25'5 + 1°5' = 33°30,'5$

Zu $i_F = 33°30'$ gehört

$n = 1{,}52310$ und für 0,'5 der Interpolationswert

$\triangle n = 0{,}00004$

Zwischenwert: 1,52306. Als Korrektion kommt hinzu aus der Kolumne F

Korrektion für F + 0,01297 so daß wir den gesuchten Wert n_F finden zu:

$n_F = 1{,}53603$

Wir haben also folgende Einzelwerte erhalten:

$$n_C = 1{,}52567$$
$$n_D = 1{,}52873$$
$$n_F = 1{,}53603;$$

in gleicher Weise wie n_F sind, wenn nötig n_d, n_e, n_g und, falls die violette Hg-Linie $\lambda_h = 404{,}7$ mμ nicht von der Probe absorbiert wird, auch n_h zu berechnen.

γ) Der Einfluß der Temperatur auf den Brechungsindex des benutzten Prismas und dadurch auf die Ergebnisse der Messungen.

Die Berechnung der Tabellen I bis V beruht auf den Brechungsindices der Prismen, die bei 20° C gemessen sind. Nun ändern sich aber die Brechungsindices der festen Körper mit der Temperatur, wenn auch erheblich weniger als die der Flüssigkeiten. Deren Brechungsquotienten nehmen, ebenso wie die der Kristalle mit steigender Temperatur ab, die der Gläser aber nehmen zu[1]). So gelten also die in den Tabellen enthaltenen Zahlenwerte streng nur für 20°, für alle anderen Temperaturen sind Korrekturen anzubringen. Diese sollen im folgenden berechnet werden. Es sei $\frac{dN}{dt} = a$ der Temperatur-Koeffizient von N, dem Brechungsindex eines Prismas, also die Änderung von N pro Grad C. Mit n' sei der mit N_{20}, also mit Hilfe der Tabelle berechnete Brechungsindex der Flüssigkeit, und mit n_t der mit dem richtigen Brechungsindex N_t berechnete bezeichnet; die Differenz zwischen diesen, also die gesuchte Korrektion $n_t - n'$ heiße K; dann gelten folgende Gleichungen

(1) $\qquad n_t = n' + K.$ Nun ist

(2) $\qquad n' = \sqrt{N^2_{20} - \sin^2 i},$ also

(2′) $\qquad n'^2 = N^2_{20} - \sin^2 i;$ ferner ist

[1]) Man vergleiche hierzu die grundlegenden Untersuchungen von C. Pulfrich: Über den Einfluß der Temperatur auf die Lichtbrechung des Glases Wiedem. Ann. 45, 609, 1892.

(3) $n_t = \sqrt{[N_{20} + a\,(t-20)]^2 - \sin^2 i}$; also

(3′) $n_t^2 = N^2_{20} + 2\,N_{20}\,a\,(t-20) + a^2\,(t-20)^2 - \sin^2 i$

Zieht man nun Gl. (2′) von Gl. (3′) ab, so kommt man zu

(4) $n^2{}_t - n'^2 = 2\,N_{20}\,a\,(t-20) + a^2\,(t-20)^2$

Da a eine kleine Größe ist, kann man das letzte Glied $a^2\,(t-20)^2$ ohne merklichen Fehler vernachlässigen, also ist

(4′) $n_t^2 - n'^2 \equiv (n_t + n)\;(n_t - n') = 2\,N_{20}\,a\,(t-20)$. Da ferner n_t fast $= n'$ ist, kann man $(n_t + n') = 2\,n'$ setzen und erhält:

(5) $2\,n'\,(n_t - n') = 2\,N_{20}\,a\,(t-20)$. Also ist

(6) $n_t - n' = \frac{N_{20}}{n'}\,a\,(t-20)$. Da nun $n_t - n'$ oben mit K bezeichnet war, erhalten wir

(7) $$K = \frac{N_{20}}{n'}\,a\,(t-20)$$

Die Temperaturkoeffizienten a sind für die Glasschmelzen genau bekannt; sie sind um so größer, je größer N ist und hängen außerdem stark von der Wellenlänge des Lichtes, also dessen Farbe ab; für g ist a etwa doppelt so groß wie für C. Die folgende Tabelle gibt die Pulfrichschen Werte von a in Einheiten der fünften Dezimale; darunter stehen die Werte für einige ausgewählte Flüssigkeiten, wo die Verhältnisse nach allen Richtungen umgekehrt sind.

A. Tabelle der Temperaturkoeffizienten $\frac{dN}{dt}$ für die Glasschmelzen der Prismen I (= IV), II (= V) und III (in Einheiten der fünften Dezimale, für $dt = 1°$ C).

Prisma	C	D	F	g
I.	+ 0,24	+ 0,28	+ 0,39	+ 0,50
II.	+ 0,70	+ 0,78	+ 1,05	+ 1,31
III.	+ 1,03	+ 1,21	+ 1,71	+ 2,26

B. Tabelle der Temperaturkoeffizienten $\frac{dn}{dt}$ für fünf ausgewählte Flüssigkeiten (wie unter A).

Flüssigkeit	C bis g	Flüssigkeit	C bis g
Wasser	− 8 bis − 9	Benzol	− 59 bis − 64
Methylalkohol ..	− 38 bis − 40	Schwefelkohlenstoff	− 80 bis − 90
Anilin	− 52 bis − 58		

In den Tabellen C (S. 136 bis 139) findet man die Werte von K für die drei Prismen und für die in Betracht kommenden Werte von n' berechnet, sowie deren Multipla. Diese Werte sind zu den nach der großen Tabelle berechneten Werten von n' zuzuzählen, falls die Meßtemperatur über 20° liegt, und abzuziehen, falls die Meßtemperatur unter 20° liegt.

Wie die Tabellen C ergeben, sind die Korrektionen für Prisma I klein und in vielen Fällen zu vernachlässigen, bei dem stark brechenden Prisma III aber übersteigen sie für Blau und Violett schon die Fehlergrenze, wenn die Temperatur um nur 3° von der Normaltemperatur 20° abweicht.

h) *Die Messung der Lichtbrechung eines klaren Glas- oder Kristallsplitters durch Einbetten in eine Flüssigkeit von bekannter Lichtbrechung*

Ist ein Kristall- oder Glassplitter auf dem Objekttische eines Mikroskops oder in einem kleinen Becherglase in eine Flüssigkeit eingebettet, deren Lichtbrechung der des Splitters gleich ist, so ist der Kristall weder mit freiem Auge noch unter dem Mikroskope zu sehen. Auf diese, auch mit dem Projektionsapparate leicht zu zeigende Beobachtung haben die Mineralogen ein Meß-Verfahren gegründet, mit dem man ein fast beliebig kleines Bruchstück eines Kristalls, das nicht eine einzige geschliffene ebene Fläche aufweist, das also zur refraktometrischen Messung gänzlich unbrauchbar ist, auf seinen Brechungsindex hin mit einer Genauigkeit von etwa $1 - 2 \times 10^{-3}$ genau messen kann.

Befindet sich der Splitter unter dem Mikroskope in einer beliebigen Flüssigkeit, so sind seine Ränder von einer hellen oder dunklen Linie umgeben, der Beckeschen Linie. Aus deren Verhalten beim Auf- oder Abwärtsbewegen des Mikroskop-Tubus kann man schließen, ob der Kristall eine höhere oder eine niedrigere Lichtbrechung als die Flüssigkeit hat. Man bereitet sich nun einen Satz von etwa 20 klaren Flüssigkeiten mit abgestuftem Brechungsindex und wiederholt die Beobachtung mit einer Flüssigkeit nach der anderen solange, bis man den gesuchten Brechungsindex des Kristalls zwischen eine Flüssigkeit mit höherem und eine mit niedrigerem n_D eingeschlossen hat. Über die Auswahl geeigneter Flüssigkeiten und deren Mischbarkeit zur Gewinnung feinerer Abstufungen von n_D vergleiche K. Spangenberg (Fortschritte d. Mineralogie 7, 1922) und über die Handhabung der Methode für die Zwecke des Mineralogen siehe F. Rinne-M. Berek: Anleitung zu opt. Untersuchungen mit dem Polarisations-Mikroskop, Leipzig 1934, S. 202—210.

i) Die Messung der Lichtbrechung ganzer optischer Teile z. B. von Linsen nach C. A. Faick und B. Fonoroff (Journ. Opt. Soc. Amer. 34, 330—336 (1944) lese man in Löwe, Opt. Messungen 5. Aufl. S. 215—217 (1949) nach.

K. Zwei weitere Refraktometer-Konstruktionen:

α) Das Refraktometer von Ch. Féry in neuer Form

Um dieses klassische Refraktometer mit Hohlprisma, bei dem man den Brechungsindex an einer linaren Teilung mit feinem Nonius auf eine Einheit der vierten Dezimale genau abliest, zur Messung kleiner Mengen der Probe und mit Licht verschiedener Wellenlänge benutzen zu können, haben C. Chéneveau und Vanrabourg (Bull. Soc. Chim. France [4], **43**, 374, [1928]), es zum Réfracto-dispersomètre de Féry abgeändert: das bisher verschiebbare Hohlprisma ist verkleinert und festgelagert, während die es umgebende Temperierwanne mit den aus Plankonvexlinsen bestehenden Fenstern auf den Querschlitten gesetzt ist und mit diesem verschoben wird, bis das Spaltbild auf den Schnittpunkt des Fadenkreuzes im festgelagerten Fernrohre eingestellt ist; diese Verschiebung wird als der gesuchte Wert des Brechungsindex an der Skala abgelesen. Will man die Messung für eine andere Wellenlänge ausführen, so ist vorher das Fadenkreuz mikrometrisch um einen bestimmten Betrag zu verschieben Die Verff. geben die Formeln für die Durchrechnung des Refraktometers für Na-Licht und eine Anleitung, um nach Auswechslung der Beleuchtung und Einschaltung von Hg-Licht mit einem Blaufilter für $\lambda = 435{,}8$ mμ, oder einem Grünfilter für $\lambda = 546{,}1$ mμ, oder einem Rotfilter für H_α ($\lambda = 656{,}3$ mμ) oder $\lambda = 670{,}8$ (Li) den an der Teilung abgelesenen Wert durch einfache Korrektionsrechnungen in n_λ zu verwandeln. So kann neuerdings das Féry'sche Refraktometer wenn auch nicht gerade bequem, ebenfalls zu den Dispersionsmessungen benutzt werden, die den Gegenstand dieses Hilfsbuches bilden.

β) *Das Critical Angle Refractometer der Firma Bellingham and Stanley*

(London) ist eine zum Teil nach den Angaben von Herrn Guild (National Physical Laboratory, Teddington), neu durchkonstruierte Form des Pulfrichschen Refraktometers für Chemiker. Der Teilkreis ist aus Glas hergestellt; man liest ihn mit einem Schätzmikroskope ab, das mit einer Mikrometerschraube ausgestattet ist. Diese ist nach Sechstel-Minuten, also Zehner-Sekunden beziffert; so kann man durch Schätzen der Zehntel-Intervalle die einzelnen Sekunden schätzen. Diese aufs Äußerste verfeinerte Ablesung des Winkels ist nur bei solchen Proben angebracht, die optisch bestens homogen und aufs Sorgfältigste temperiert sind, also eine ungewöhnlich scharfe Grenze liefern, z. B. besonders fein gekühlte spannungsfreie Gläser.

Die Temperierung und die Beleuchtungseinrichtung weisen keine Neuerungen auf.

14. Das Refraktometer nach E. Abbe mit heizbaren Prismen

a) Der Aufbau des Abbeschen Refraktometers

Das von E. Abbe in einer vergriffenen, aber auch heute noch lesenswerten Schrift: „Neue Apparate zur Bestimmung der Lichtbrechung und der Farbenzerstreuung fester und flüssiger Körper“ (Jena 1874 E. Maukes Verlag) und in E. Abbes gesammelten

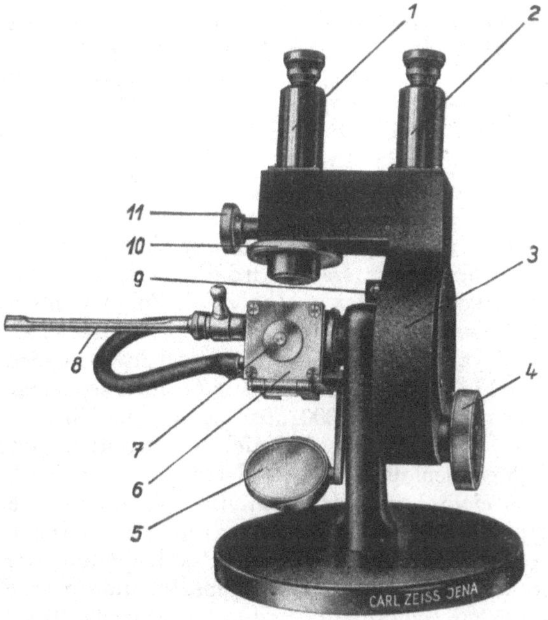

Abb. 21 (etwa $^1/_4$ nat. Gr.). Das Abbesche Refraktometer mit heizbaren Prismen, mit Fernrohr 1, Ablesemikroskop 2, dem die Teilung enthaltenden Gehäuse 3, der Feinbewegungsschraube 4, dem Spiegel 5, dem Doppelprisma 6 und abnehmbaren Deckel 7 sowie Thermometer 8, ferner dem Skalenreflektor 9, der Kompensatorschraube 11 und -Trommel 10.

Abhandlungen, Bd. II (E. Wandersleb) S. 82-164 erstmalig beschriebene „Totalreflektometer“ ist in seiner jetzigen Form in Abb. 21 dargestellt. Das an seinen Schläuchen zu erkennende heizbare Doppelprisma 6 erhält sein Licht vom Spiegel 5. Das Licht durchsetzt, wie in Abschnitt B, 8 entwickelt wurde, die dünne Schicht der Probe als „durchfallendes Licht“, oder es wird an ihr reflektiert, und tritt dann in das Fernrohr 1 ein, in dessen Brennebene die Grenzlinie entsteht. Mit der Rändelschraube 11 wird die Grenze achromatisiert. Um sie auf den Schnittpunkt des Fadenkreuzes einzustellen, neigt man das an einer Kippachse befestigte Doppelprisma mit der Feinverstellungschraube 4, deren Zahnrad in dem Inneren des Teilkreis-Gehäuses 3, in einen Trieb eingreift. Der Teilkreis ist neuerdings aus Glas. Seine Teilung, die nicht nach Graden ausgeführt ist, gibt unmittelbar die Brechungsindices für Natriumlicht, also die Werte n_D an. Sie enthält für jede Einheit der dritten Dezimale von n_D einen Strich, also für 1,300; 1,301; 1,302 u.s.f. und führt bis zu $n_D = 1{,}700$. Da die Intervalle mit wachsenden Brechungsindices ebenfalls wachsen, wäre ein Nonius zur Ablesung der vierten Dezimale nicht brauchbar. Daher wird die vierte Stelle hinter dem Komma des Brechungsindex geschätzt als Zehntel-Intervall, was durch die Feinheit der Teilstriche, deren gleichmäßige Dicke und den feinen schwarzen Indexstrich im Gesichtsfelde des Mikroskops 2 so leicht ist, daß auch ein wenig Geübter es schnell erlernt. Die Ablesegenauigkeit, $\pm$ 0,0001, ist so der erzielbaren Schärfe der Grenzlinie eng angepaßt; bei nicht ganz optisch homogenen Proben, wie Melassen und dunklen Teerölen wird diese Genauigkeit nicht erreicht, vielmehr durch eine Eigenschaft der Probe herabgemindert. Die Okulare des Mikroskops 2 und des Fernrohrs 1 liegen in gleicher Höhe fest. In der Verlängerung des Tubus nach unten ist der Abbesche Kompensator untergebracht, von dem nur die Rändelschraube 11 und die Teilscheibe 10 erkennbar ist; auf dieser gestattet eine einfache Teilung, die jeweilige Stellung der Kompensatorprismen vom Okulare aus an einem Indexstrich abzulesen. Diese Ablesung ist ebenfalls als Ergebnis der Messung zu betrachten, und, was oft versäumt wird, zu notieren. Sie setzt den Beobachter in den Stand, entweder nach der im folgenden zu gebenden Abbeschen Anleitung die mittlere Farbenzerstreuung $n_F - n_C$, oder nach den erst jüngst veröffentlichten Erkenntnissen von H. Waldmann, sogar die Einzelwerte n_C und n_F zu berechnen. Das Thermometer 8 zeigt die Temperatur des Heizwassers an, das beide Prismen umströmt, die durch ein Scharnier verbunden sind. Zur Messung mit reflektiertem Lichte nimmt man den Deckel 7 ab.

b) Der Verlauf einer Messung

α) Die Regelung der Beleuchtung und der Temperatur vor einer Messung

Mit dem Rändelrad 4 (in Abb. 21) bringt man die Teilung in die tiefste Lage, so daß dann der Anfang der Sektor-Teilung mit den Werten $n = 1{,}30$, $1{,}31$, u.s.f. zu sehen ist. Bei Tage wird mit dem vom nahen Fenster kommenden Licht gearbeitet; der Spiegel ist richtig gestellt, wenn der *außen am Fernrohr* entlang blikkende Beobachter den Spiegel leuchten sieht. Muß man mit einer Lampe arbeiten, so soll diese, um eine schädliche Wärmestrahlung zu vermeiden, wie der Natriumbrenner beim Refraktometer nach Pulfrich, mindestens 50 cm vom Spiegel entfernt stehen, und nach Möglichkeit so hoch, daß sie gleichzeitig genügend viel Licht zur Beleuchtung der Sektor-Teilung durch den Reflektor 9 liefert. — Nach dem Einsetzen des Thermometers 8, dessen Teilung dem Beobachter zugekehrt ist, wird der Heizwasserstrom, wie oben beim Refraktometer nach Pulfrich erläutert, in Gang gesetzt und der Temperaturverlauf beobachtet; auch hier ist eine Wartezeit von 15 Minuten erforderlich. In dieser überzeugt man sich davon, daß die inneren Flächen des Prismas, d. h. die blanke und die matte Glasfläche und deren metallene Umrahmung sauber sind, und klappt das Prisma sogleich wieder zusammen, um die Flächen der Einwirkung der Zimmertemperatur zu entziehen. Von dem Arbeitsplatz muß verlangt werden, daß er der Zugluft nicht ausgesetzt ist. Die Proben werden, sobald die Beobachtungstemperatur von der des Zimmers um mehrere Grade abweicht, in einem Wasserbad vorgewärmt, wenn nötig geschmolzen.

β) *Das Einfüllen der Probe*

Alle wässrigen sowie sonst leicht flüssigen und insbesondere alle leicht verdampfenden Proben werden bei nahezu geschlossenem Prisma nicht auf dessen Flächen sondern in den am oberen Rande der Prismenfassung angebrachten kleinen Einfülltrichter gegeben, wonach der Bajonettverschluß, von dessen Wirkungsweise man sich vorher überzeugt hat, sofort geschlossen wird. Die wenigen eingefüllten Tropfen füllen den engen Luftraum zwischen den Prismen augenblicklich aus, sind vor zu rascher Verdunstung geschützt und nehmen die Temperatur des Ganzen rasch an. Man überzeugt sich als Anfänger von der Erscheinung, die ein zu kleiner Tropfen dem Auge des Beobachters darbietet, der, nachdem er das ganze Oberteil des Refraktometers umgelegt hat, in die unterste, als Fenster erscheinende Fläche des Prismas blickt: der kleine Tropfen war nicht imstande, den ganzen Zwischenraum auszufüllen, er ist als kreisförmige oder elliptische Fläche mit scharfem Rande zu sehen. In diesem Falle ist das Doppelprisma wieder zu öffnen, zu reinigen und mit einer größeren Menge der Probe zu füllen; die Menge ist zu groß, wenn nach dem Schließen des Bajonettverschlusses Flüssigkeit aus der Prismenfassung heraustritt. Bei allen Serienmessungen nimmt man, wenn die Viskosität der Proben es zuläßt, enge, an beiden Enden in der Bunsenflamme sorgfältig abgerundete Glasröhrchen zum Füllen, für jede Probe ein neues.

γ) *Das erste Aufsuchen der Grenze und deren Achromatisierung mit der Kompensatorschraube*

Erst jetzt blickt man in das Fernrohr, verbessert die Lage des Spiegels, bis das Feld ganz von Licht erfüllt ist, und stellt das Okular, „mit entspannter Akkomodation" scharf auf das Fadenkreuz ein; die Ablesung an der Finderteilung der Okularmuschel merkt man sich ein für alle Mal. Um die Grenzlinie zu finden, schraubt man — mit der Schraube 4 — das Doppelprisma aus der tiefsten Anfangslage langsam höher, bis das Gesichtsfeld aus einem hellen und einem dunklen Teile besteht; beide sind durch eine bunte Übergangszone getrennt, die zur Einstellung auf den

Schnittpunkt des Fadenkreuzes nicht geeignet ist: die Summe aller Grenzlinien für die unendlich vielen Farben des weißen Lichts. Jetzt hält man mit der Bewegung der Rändelschrabe 4 inne und benutzt die Kompensatorschraube 11 dazu, um den Farbensaum schmäler und schmäler zu machen, bis er eine farblose Grenzlinie zwischen dem hellen und dem dunklen Felde bildet. Dreht man in demselben Sinne wie vorher noch weiter an der Kompensatorschraube, so bildet sich ein neuer Farbsaum von anderer Farbe. Setzt man die Drehung am Kompensator weiter fort, so schrumpft auch dieser Farbsaum, nachdem seine größte Breite überschritten ist, wieder zusammen, bis die Grenze zum zweiten Male farblos ist.

δ) Die Ablesungen am Sektor (n_D) und an der Kompensatortrommel (Z)

In dieser Lage wird sie auf den Schnittpunkt des Fadenkreuzes eingestellt. Jetzt erfolgt die erste Ablesung des Brechungsindex n_D am Glaskreise. Gleichzeitig liest man die Stellung des kleinen Index an der Kreisteilung 10 der Kompensatorbewegung ab, deren Bezifferung von Null bis 60 und wieder zurück bis Null führt (jedes der 120 Intervalle entspricht also einer Drehung der Kompensatorfassung um 3°). Die Ablesung an der Kompensatorteilung heißt Z; zehntel Intervalle werden geschätzt. Demnach ist z. B. das Ergebnis der ersten Ablesung:

(1) $n_D = 1{,}4001$, $Z = 40{,}2$, $t = 25{,}2°$ C.

Nunmehr dreht man den Kompensator bis zur zweiten Lage, die eine farbenfreie Grenzlinie liefert, und liest von neuem ab; das Ergebnis sei

(2) $n_D = 1{,}4003$, $Z = 40{,}4$ $t = 25{,}2°$.

Die Mittelwerte: $n_D = 1{,}4002$ und $Z = 40{,}3$ sind dann der folgenden Berechnung der Dispersion zu Grunde zu legen.

ε) Die optischen Grundlagen des Abbeschen Kompensators und dessen Benutzung zur Berechnung der mittleren Dispersion $n_F - n_C$

In den Abb. 22 bis 25 ist die Entwicklung des Abbeschen Kompensators aus einem zweiteiligen Geradsichtprisma in aller Kürze schematisch dargestellt. Abb. 22 zeigt, wie die Ablenkung, die ein einfarbiger Lichtstrahl ($\lambda_D = 589{,}3$ mμ) durch das schmale Flintprisma, das linke, erfährt, durch ein Kronprisma von passendem Winkel genau aufgehoben wird. Schiebt man beide Prismen aneinander, nachdem die inneren Flächen mit einem Tropfen eines durchsichtigen Kittes versehen worden sind, so bilden sie

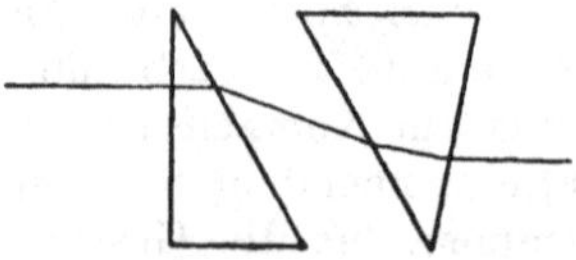

Abb. 22 Zweiteiliges Dispersionsprisma vor dem Zusammenkitten.

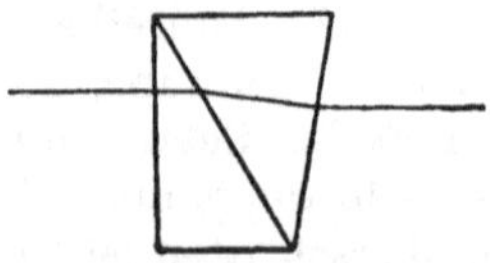

Abb. 23 Zweiteiliges verkittetes Amiciprisma, geradsichtig für die *D*-Linie.

ein zweiteiliges Prisma, durch das ein gelber Lichtstrahl „ohne Ablenkung" geht, da die Richtung des in das Prisma einfallenden Lichtes dieselbe ist, wie die des ausgetretenen; er ist nur parallel verschoben, aber nicht abgelenkt. Ein Strahl von der kleineren Wellenlänge $\lambda_F = 486{,}1$ mμ würde nach der Basis des Flint-

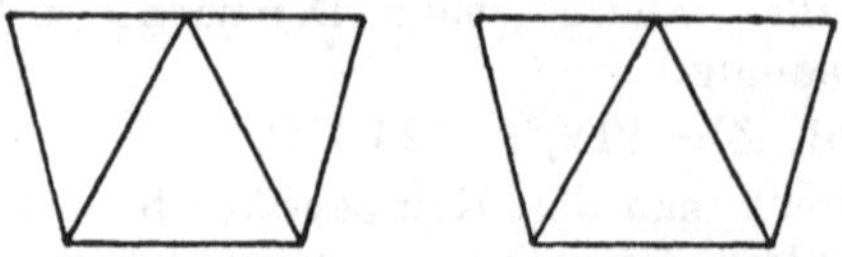

Abb. 24 Zwei dreiteilige Amiciprismen in gleicher Lage: deren Dispersionen addieren sich.

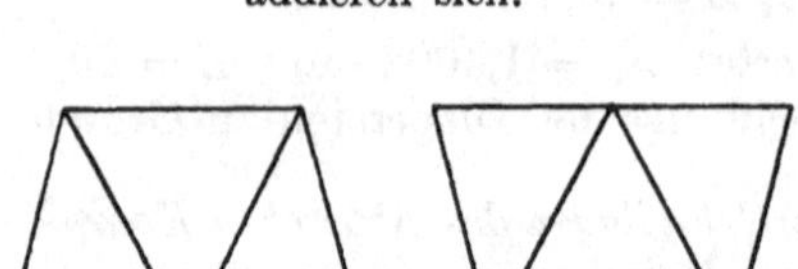

Abb. 25 Zwei Amiciprismen in entgegengesetzter Lage: die Dispersion des einen wird durch die umgekehrte des anderen aufgehoben.

prismas, also nach unten, einer von der größeren Wellenlänge $\lambda_C = 656{,}3\ \mathrm{m}\mu$ nach oben abgelenkt. (Abb. 23) Dieses Prisma ist also ein farbenzerstreuendes, aber für die bevorzugte Farbe D geradsichtiges Kompensatorprisma. Zwei solche Prismen, mit den Flintflächen aneinander gekittet, ergeben das dreiteilige ebenfalls für D geradsichtige Amiciprisma. Ein dreiteiliges Prisma ähnlicher Form dient im Eintauch-Refraktometer als „Kompensator", um die Grenzlinie farbenfrei zu machen. Abb. 24 zeigt zwei solche Amiciprismen, so hintereinander gestellt, daß die brechende Kante jedes inneren also des Flintprismas auf derselben Seite des einfallenden Strahles liegt; bezeichnen wir den Winkel zwischen den Strahlen C und F, den ein Amiciprisma liefert, und der üblicherweise in Minuten angegeben wird, mit der Zahl k, so liefern also beide Amiciprismen in der in Abb. 24 dargestellten Lage, da in dieser ihre Wirkungen sich addieren, die „wirksame Dispersion" $2\,k$, offenbar den höchsten möglichen Wert. In Abb. 25 dagegen ist das eine Prisma genau so wie bisher gelagert, das andere aber um den Strahl als Achse um 180° gedreht, so daß die brechende Kante seines Flintprismas auf der entgegengesetzten Seite des Strahles liegt, wie die des ersten. Hier wird die vom ersten Amiciprisma erzeugte Dispersion k durch die des zweiten $-k$ aufgehoben. Die „wirksame Dispersion" des Kompensators in dieser Lage ist = Null, also das Minimum. Im Abbeschen Refraktometer sind nun die zwei Amiciprismen so gefaßt, daß durch einen Trieb der Zahnkranz der Fassung des ersten Prismas um ebensoviele Zähne mit dem Uhrzeiger gedreht wird, wie der Zahnkranz der Fassung des zweiten Prismas gegen den Uhrzeiger. So werden die Prismen gleichzeitig um gleiche Beträge, aber in entgegengesetztem Sinne gedreht. Die wirksame Dispersion des Kompensators verändert sich also bei der allmählichen Drehung der Prismen stetig vom Maximalwerte $2\,k$ bis zu Null, und zwar nach einem einfachen geometrischen Gesetze, nämlich proportional dem cosinus des Drehungswinkels; der cosinus nimmt ja von seinem Höchstwerte $\cos 0° = 1$ bis zu $\cos 90° = 0$ alle möglichen Zwischenwerte an; so hat also die „wirksame Dispersion" des Kompensators den Wert $2\,k \cos \psi$, wenn man die den Prismen erteilte Drehung mit ψ bezeichnet. $\psi = 0$ bedeutet die Anfangslage der Prismen, die in

Abb. 23 dargestellt ist. — Die Teilung der kleinen Teilscheibe 6 in Abb. 20 bietet, obwohl sie nicht nach Graden beziffert ist, das Mittel, um die Drehung der Prismen aus ihrer Anfangslage zu messen; deswegen ist deren Ablesung nie zu versäumen. Jeder Teilstrich bedeutet $3° = 180'$; da man den Kompensator doch nicht genauer als auf etwa $20'$ einstellen kann, genügt es völlig, an dieser Teilscheibe die Zehntel-Intervalle zu schätzen und mit aufzuschreiben. Ein im Laufe der Zeit etwa eintretender, immer kleiner Exzentrizitätsfehler der Kompensator-Einrichtung wird durch die Arbeitsvorschrift unwirksam gemacht, die besagt, daß man nach der ersten Ablesung an der Kompensator-Trommel weiter drehen soll, bis man die zweite Stellung für die farbenfreie Grenzlinie erreicht hat, und aus den beiden abgelesenen Werten den Mittelwert für die Rechnung bilden soll.

ζ) Der Ursprung des Farbsaumes im Gesichtsfelde des Fernrohrs

Der im Abbeschen Doppelprisma entstehende Winkel zwischen zwei streifend eingetretenen Strahlen verschiedener Farbe ist die Ursache des zu kompensierenden Farbsaumes. Übertragen wir die Bezeichnungen der Winkel in Abb. 4 S. 15 auf das Abbesche Doppelprisma, so stellt in Abb. 26 der Weg 1 BP 1 den Verlauf eines Strahles von der Probe (n) aus durch das Prisma mit dem Brechungsindex N dar. Für diese zuerst betrachtete Farbe gelten folgende Beziehungen: $\sin\alpha = N \sin\beta$, oder

(1) $$\sin\beta = \frac{1}{N}\sin\alpha$$

(2) $$e = \beta + \varphi$$

(3) $$n = N\sin e, \text{ oder } \sin e = \frac{n}{N}$$

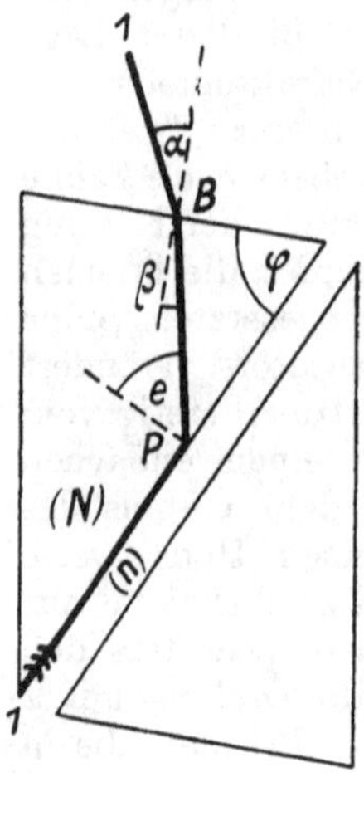

Abb. 26 Strahlengang im Abbeschen Doppelprisma, für die Berechnung des Winkelunterschiedes der Grenzstrahlen für C und F.

Geht man zu einer bestimmten anderen Farbe über, so ändern sich in den Gleichungen die Werte e, n und N nach den folgenden Gleichungen:

$$\cos e\,\delta e = \frac{\delta n}{N} - \frac{n}{N^2}\cdot \delta N \tag{3'}$$

$$= \frac{n}{N}\left(\frac{\delta n}{n} - \frac{\delta N}{N}\right),$$ oder mit Rücksicht auf (3):

$$\cos e\,\delta e = \sin e\left(\frac{\delta n}{n} - \frac{\delta N}{N}\right); \tag{4}$$ ferner ist nach (2)

$\beta = e - \varphi$, und, da φ für alle Farben einen konstanten Wert hat, also $\delta\varphi = 0$ ist: $\delta e = \delta\beta$. So kann man Gl. (4) auch in der Form schreiben

$$\delta e = \delta\beta = \operatorname{tg} e\left(\frac{\delta n}{n} - \frac{\delta N}{N}\right). \tag{4'}$$

Durch Variation von Gl. (1) erhält man

(1') $\cos\alpha\,\delta\alpha = N\cos\beta\,\delta\beta + \sin\beta\,\delta N$. Nun setzt man in Gl. (1') den Wert von $\delta\beta$ aus Gl. (4') ein und löst schließlich nach $\delta\alpha$ auf, dann ergibt sich:

$$\cos\alpha\,\delta\alpha = N\cos\beta\operatorname{tg} e\left(\frac{\delta n}{n} - \frac{\delta N}{N}\right) + \sin\beta\,\delta N; \tag{5}$$

durch Multiplikation beider Seiten mit $\cos e$ erhalten wir:

$$\cos e\cos\alpha\,\delta\alpha = N\cos\beta\sin e\left(\frac{\delta n}{n} - \frac{\delta N}{N}\right) + \cos e\sin\beta\,\delta N$$

$$= \delta n\frac{N}{n}\cos\beta\sin e - \delta N\cos\beta\sin e +$$

$$\delta N\sin\beta\cos e$$

Da $\dfrac{N}{n} = \dfrac{1}{\sin e}$ und

$$\sin e \ \cos\beta - \cos e \ \sin\beta = \sin(e-\beta),$$

ist

$$\cos e \cos\alpha \,\delta\alpha = \delta n \cos\beta - \delta N \sin(e-\beta)$$

$$= \delta n \cos\beta - \delta N \sin\varphi, \text{ und schließlich}$$

$$\delta\alpha = \frac{\delta n \cos\beta - \delta N \sin\varphi}{\cos e \cos\alpha}. \tag{6}$$

$\delta\alpha$ ist der Winkel zwischen den aus der letzten, dem Fernrohre zugewandten Prismenfläche austretenden Strahlen der zwei betrachteten Farben. Nehmen wir als diese Farben die Wasserstofflinien $H_\alpha = C$ und $H_\beta = F$, so hat nun der Kompensator die Aufgabe, diese zwei Strahlen in die gleiche Richtung zu bringen; er muß also in eine solche Stellung gedreht werden, daß seine wirksame Dispersion dem eben berechneten Winkelunterschiede $\delta\alpha$ entgegengesetzt gleich ist, und diesen aufhebt. Hat man ihn in diese Lage gedreht, so liegen die Grenzlinien für die Farben C und F an ein und derselben Stelle im Gesichtsfelde des Fernrohres aufeinander, da, wo auch die Grenzlinie für Natriumlicht liegt. Die Lage der gelben Grenzlinie wird durch Drehen am Kompensator nicht beeinflußt, wovon man sich durch Beleuchten des Refraktometers mit einer hellen Natriumlampe leicht überzeugen kann. — Rechnung und Erfahrung lehren, daß die Kompensation für C und F gleichzeitig für alle anderen Teile des Spektrums, also für weißes Licht überhaupt, praktisch ausreicht.

η) *Die Berechnung der mittleren Dispersion $n_F - n_C$ aus n_D und der Ablesung an der Kompensator-Trommel*

Der unwillkommene Dispersionswinkel $\delta\alpha$ wird durch den Kompensator zunichte gemacht, wenn die wirksame Dispersion des Kompensators $2k \cos\psi$ dem Winkel $\delta\alpha$ entgegengesetzt gleich ist, d. h. wenn

(7) $2k\cos\psi + \delta\alpha = 0$ ist.

Um die gesuchte Dispersion δn aus den meßbaren Zahlen-Werten n, N und den Winkeln berechnen zu können, ist Gl. (6) nach δn aufzulösen:

$$(6') \quad \delta n = \delta\alpha \frac{\cos\alpha \cos e}{\cos\beta} + \delta N \frac{\sin\varphi}{\cos\beta}, \text{ oder, nach Gl. (7)}$$

$$= 2\,k \frac{\cos\alpha \cos e}{\cos\beta} \cos\psi + \delta N \frac{\sin\varphi}{\cos\beta},$$

wenn man dem Vorzeichen von ψ durch die Bezifferung der Kompensatortrommel Rechnung trägt. Um dem Benutzer eines Refraktometers die Rechenarbeit zu ersparen, hat Abbe für den Meßbereich d. h. für alle Werte von $n = 1{,}30$ fortschreitend um 0,01 bis zu 1,70 die Gleichung 6′ durchgerechnet, und die Ergebnisse in einer Tabelle, der sogenannten Dispersions-Tafel zum Abbeschen Refraktometer, zusammengestellt. Um deren Benutzung zu erleichtern, schrieb er Gl. (6′) wie folgt:

$$(8) \quad \delta n \equiv n_F - n_C = B\sigma + A, \text{ worin}$$

$$B = 2\,k \frac{\cos\alpha \cos e}{\cos\beta}, \sigma = \cos\psi \text{ und } A = \delta N \frac{\sin\varphi}{\cos\beta} \text{ ist.}$$

Da nun die Kompensatortrommel zu klein ist, um eine Teilung nach ganzen Graden (für den Winkel ψ) aufzunehmen, hat diese Teilung, wie oben erwähnt, nur für jeden dritten Grad einen Strich. Um Verwechslungen zu vermeiden, wird die Ablesung an der Kompensatortrommel nicht ψ sondern Z genannt; eine Ablesung $Z = 14$ bedeutet also den Winkel $\psi = 42°$; in der Abbeschen Dispersions-Tafel ist der Cosinus des zu jeder Ablesung Z gehörigen Winkels ψ mit σ bezeichnet. Demnach enthält die Tafel für $n_D =$ 1,30, 1,31, 1,32 u.s.f. je einen Wert für A und B, und ferner zu den Trommelablesungen $Z = 0{,}1{,}2$ bis 30 die zugehörigen σ-Werte von 1 bis 0. Da bereits $Z = 30$ dem Winkel $\psi = 90°$ mit $\sigma = 0$ entspricht, kehren die σ-Werte für die von 30 an wachsenden Z-Werte um und sind für $Z > 30$ mit dem — Zeichen zu versehen bis zu $Z = 60$, oder $\psi = 180°$, dessen cos $= -1$ ist. Differenzen-Kolumnen für $\triangle n = 0{,}001$ und für $\triangle Z = 0{,}1$, sowie zwei auf der Rückseite der Tafel durchgerechnete Beispiele erleichtern die Rechnung und das Verständnis.

Tabelle C

Neue Tabelle der Brechungsindices n_D, der Werte $n_F - n_C$ bei 20° C, der Abbeschen Zahlen ν und der Temperatur-Kceffizienten $\frac{dn}{dt}$ für 35 ausgewählte Flüssigkeiten[1])

Substanz	$n_{D_{20}}$	$n_F - n_C$	$\nu = \frac{n_F - n_C}{n_D - 1}$	$\frac{dn}{dt}$	in den Temperaturgrenzen
Aethyläther	1.3527	0.00608	58.0	-43×10^{-6}	0 – 35°
Aethylalkohol	1.3623	0.00611	59.3	−40	9 – 38°
Aethylenglykol	1.4314	0.00721	59.8	−30	20 – 50°
Amylazetat	1.3934	0.00662	59.0	−50	20 – 50°
Azeton	1.3589	0.00694	51.7	−53	0 – 45°
Azetylentetrabromid	1.6370	0.01853	34.4	−58	17 – 23
Bariumquecksilberjodid	1.7843	0.07204	10.9	–	
Benzol	1.5014	0.01664	30.2	−74	10 – 30°
Benzylalkohol	1.5403	0.01723	31.4	−43	20 – 27°
Brombenzol (mono)	1.5592	0.01907	29.2	−49	4 – 20°
Bromnaphthalin (mono)	1.6585	0.03250	20.3	−45	7 – 99°
Bromoform	1.5890	0.0176	32.4	−60	20 – 50°
Butylalkohol (norm.)	1.3993	0.00673	40.0	−44	20 – 50°
Canadabalsam, gekocht	1.5377	ca. 0.0127	ca. 41.5	−39	20 – 50°
Cedernholzöl für Immersion	1.5100	0.01060	48.1	−40	20 – 50°
Chlorbenzol (mono)	1.5256	0.01264	30.6	−71	20 – 27°
Chlornaphthalin (mono)	1.6339	0.03078	20.6	−54	17 – 23°
Chloroform	1.4467	0.00891	50.2	−59	10 – 20°
Glyzerin bidestill.	1.4550	0.00771	59.0	−23	20 – 50°
Hexan	1.3754	0.00661	56.7	−55	20 – 50°
Jodbenzol	1.6204	0.02251	27.6	−56	8 – 88°
Kaliumquecksilberjodid	1.7127	0.06033	11.8	–	
Methylalkohol	1.3290	0.0055	59.9	−40	18 – 23°
Nitrobenzol	1.5529	0.02531	21.8	−51	25 – 38°
Perchloräthylen	1.5055	0.01369	36.9	−53	20 – 50°
Propylalkohol (norm.)	1.3854	0.00663	58.1	−39	0 – 45°
Propylalkohol (iso.)	1.3776	0.00641	58.9	−39	0 – 45°
Schwefelkohlenstoff	1.6277	0.03418	18.4	−81	10 – 30°
Tetrachlorkohlenstoff	1.4607	0.00966	47.7	−61	20 – 50°
Tetralin	1.5449	0.01663	32.7	−47	20 – 50°
Toluol	1.4961	0.0160	31.0	−58	1 – 90°
Wasser	1.3330	0.00602	55.5	{ −8 −10	{ 10 – 20° 20 – 30°
Xylol (*o*)	1.4924	0.01588	31.3	−51	20 – 50°
Zimtöl	1.6188	0.04309	14.4	−50	10 – 20°
Zimtsäure-Äthylester	1.5598	0.02827	19.8	−49	13 – 92°

1) Zusammengestellt aus Landolt-Börnsteins-Roth-Scheels Phys. Chem. Tabellen 4. Auflage, 1912, S. 1027 – 38, sowie 11 eigenen Messungen des Verf.

Tabelle D

Brechungsindex n_D und Abbesche Zahl ν typischer optischer Gläser des Jenaer Glaswerks

Name des Glases	Listen-Nr.	n_D	ν
Fluor-Kron	FK 5	1,4874	70,0
Bor-Kron	BK 9	1,4938	66,1
Fluor-Kron	FK 3	1,4644	65,7
Phosphat-Schwer-Kron	PSK 2	1,5687	63,1
Kron	LK 7	1,5111	60,6
Zink-Kron	ZK 6	1,5128	57,2
Baryt-Kron	Ba K 6	1,5744	56,4
Schwer-Kron	SK 6	1,6137	56,3
Kron-Flint	KF 6	1,5173	52,2
Baryt-Leicht-Flint	Ba LF 7	1,5888	51,1
Schwerst-Kron	SS K 5	1,6583	50,8
Doppel-Leicht-Flint	LL F 6	1,5317	48,9
Baryt-Flint	Ba F 9	1,6432	47,8
Leicht-Flint	LF 4	1,5783	41,7
Flint	F 3	1,6128	37,0
Baryt-Schwer-Flint	Ba SF 2	1,6643	35,9
Schwer-Flint	SF 9	1,6543	33,9
Schwer-Flint	SF 15	1,6987	30,1
Schwer-Flint	SF 4	1,7550	27,5
Schwer-Flint	SF 6	1,8049	25,5
Sonder-Glas	SFS 1	1,9225	20,9

Tabelle E

Brechungsindex n_D und Abbesche Zahl ν der für optische Instrumente wichtigen Kristalle

Kristall	n_D	ν
Lithiumfluorid	1,3921	99,8
Fluorit	1,4338	95,1
Kalkspath, *e*	1,4864	79,7
Quarz, *o*	1,5442	70,0
Quarz, *e*	1,5533	68,3
Homosil	1,4587	67,9
Kalkspath, *o*	1,6584	48,9
Sylvin	1,4904	44,1
Steinsalz	1,5443	42,7

ι) Die Abbesche Zahl $\nu = \frac{n_D - 1}{n_F - n_C}$

Die so ermittelten Werte $n_F - n_C$ sind echte Dezimalbrüche, die bis zur fünften Dezimale gehen. Da nun einer und derselbe Wert von $n_F - n_C$, etwa der Wert 0,01000 für ein Kronglas eine hohe, für ein Flintglas eine geringe Dispersion bedeutet, ist die Zahl $n_F - n_C$ allein noch keine anschauliche Aussage über die Dispersion der gemessenen Probe; dies wird sie erst in der von Abbe eingeführten Verbindung mit dem um 1 verminderten Brechungsindex: $\nu = \frac{n_D - 1}{n_F - n_C}$. Große Dispersion liegt vor, wenn $n_F - n_C$ im Verhältnis zu $n_D - 1$ einen großen Wert hat; alsdann ist ν klein. So ergibt sich die einfache Regel: eine kleine Abbesche Zahl ν zeigt hohe Dispersion an (und umgekehrt).

c) Die Bestimmung der Molekular-Dispersion mit dem Abbe-Refraktometer nach H. Waldmann[1])

E. Abbe gab das oben erläuterte Rechenverfahren bekannt, die zwei bei der Messung des Brechungsindex einer flüssigen oder einer festen Probe am Refraktometer abzulesenden Werte, n_D, und die Ablesung Z an der Trommel des Dispersions-Kompensators, zur Berechnung des Dispersionswertes $n_F - n_C$ der Probe zu verwerten. Das optische Hilfsmittel — der Kompensator — das den bei der so willkommenen Benutzung weißen Lichtes immer auftretenden störenden Farbensaum an der Grenzlinie zunichte macht, liefert nach Abbes Anleitung gleichzeitig das rechnerische Hilfsmittel, um die „kompensierte" Dispersion zu berechnen.

Bei sehr sauberem Arbeiten und bei gut homogenen Proben, die an sich eine scharf achromatisierte Grenzlinie liefern, erhält man die Abbesche Zahl $\nu = \frac{n_D - 1}{n_F - n_C}$ auf etwa 1 % ihres Wertes genau, was für sehr viele Aufgaben, z. B. zur Identifizierung von

[1]) Helvetica Chimica Acta 21, 1053, (1939).

Öl- oder von Glasarten völlig ausreicht. Die Kenntnis des Wertes $n_F - n_C$ ist aber unzureichend für denjenigen Beobachter, der die Einzelwerte n_F und n_C braucht, um die Molekulardispersion seiner Proben zu berechnen. Für solche Inhaber des Abbeschen Refraktometers ist das neue von H. Waldmann gefundene, auf ein großes Beobachtungsmaterial gegründete Verfahren willkommen, unter bestimmten Voraussetzungen aus denselben Ablesungen n_D und z am Abbeschen Refraktometer die Werte n_F und n_C einzeln zu berechnen. Beim Vergleich des Dispersionsverlaufs, d. h. der Abhängigkeit des Brechungsindex n_λ von λ, für die drei Wellenlängen $\lambda_C = 656\,\mathrm{m}\mu$ (H_α), $\lambda_D = 589\,\mathrm{m}\mu$ (Na) und $\lambda_F = 486\,\mathrm{m}\mu$ (H_β) stellte Waldmann fest, daß für etwa 100 von ihm daraufhin geprüfte organische Substanzen der verschiedensten Körperklassen die für dieses beschränkte Dispersionsgebiet aufstellbaren Kurven sehr ähnlich verlaufen.

Dies drückt sich zahlenmäßig so aus, daß der abgeleitete Wert

$$(1) \qquad Q = \frac{n_D - n_C}{n_F - n_C},$$

der in der Glastechnik den Namen partielle Dispersion führt für die 100 Substanzen um den Betrag 0,286 als Mittelwert nur in engen Grenzen schwankt; die extremen Werte von Q sind 0,321 (für *d*-Limonen) und 0,257 (für *o*-Fluornitrobenzol, Phenylsenföl). In einer Tabelle (l.c. S. 1058 und 1059) gibt Waldmann die Q-Werte seiner 100 Substanzen bekannt; die Grundwerte n_C, n_D und n_F stammen vorwiegend aus Landolt-Börnstein-Roths Physikalisch-chemischen Tabellen. Bezeichnet man nach Waldmann mit $n_F - n_C$ den aus den Messungen mit dem Abbeschen Refraktometer unter Benutzung der zugehörigen Dispersionstafel gefundenen Wert, mit n_C und n_F die klassischen Werte aus der Fachliteratur und mit n_C' und n_F' die nach dem neuen Verfahren zu berechnenden, angenäherten Werte, so ergibt sich aus

$$(1) \qquad Q = \frac{n_D - n_C'}{[n_F - n_C]}$$

$$(2) \qquad n_C' = n_D - Q\,[n_F - n_C) = n_D - 0{,}286\,[n_F - n_C], \text{ und}$$

$$\text{wegen } [n_F - n_C] = n_F' - n_C',$$

$n_F' = [n_F - n_C] + n_C'$; andererseits ergibt sich n_F' aus

(3) $n_F' - n_D = (1 - Q)\,[n_F - n_C)$ zu

(4) $n_F' = n_D + 0{,}714\,[n_F - n_C]$

Für die Gleichungen (2) und (4) hat Waldmann die auf S. 139 abgedruckte Tabelle berechnet, die für die abgekürzt geschriebenen Gleichungen (2') $n_C' = n_D - \mathfrak{C}$ und (4') $n_F = n_D + \mathfrak{F}$ die dem berechneten Werte $[n_F - n_C]$ zugeordneten Korrektionsglieder $\mathfrak{C}$ und $\mathfrak{F}$ unmittelbar zu entnehmen erlaubt; die Werte reichen bis zur vierten Dezimale. Die so berechneten Einzelwerte n_C' und n_F' liegen, wie Waldmann zeigte, den klassischen Werten meist genügend nahe, um dem Organiker zur laufenden Berechnung der Molekular-Refraktion oder der spezifischen Refraktion seiner Produkte als Anhalt zu dienen, wohlbemerkt, mit der Beschränkung auf Verbindungen mit normaler Dispersion.

Dabei bleibt zu berücksichtigen, daß es sich bei Benutzung des doch stark streuenden Mittelwertes für $Q = 0{,}286$ nur um *Orientierungswerte* handeln kann.

15. Das Refraktometer nach J. F. Eijkman zur Ausdehnung der Messung des Brechungsindex auf hohe Temperaturen.

a) Der Aufbau des Eijkman-Leiss'schen Refraktometers

Wie C. Leiss [1]) berichtet, hat J. F. Eijkman seit 1892 seine grundlegenden Untersuchungen mit einem für refraktometrische Messungen vervollständigten Fueßschen Reflexionsgoniometer ausgeführt, also mit einem Winkelmeßinstrument mit waagerechtem Teilkreise, Kollimator, Fernrohr und Prismentisch, das im deutschen Sprachgebrauch meist als Spektrometer bezeichnet wird. Zu einem Refraktometer für Flüssigkeiten wurde dieses klassische Meßinstrument erstens durch den Einbau eines (kleinen) Hohlprismas und zweitens durch ein dampfdichtes Gehäuse, das die Objektiv-Enden des Kollimators und des Fernrohrs sowie den Prismentisch umschließt, den Teilkreis mit den Nonien oder den

[1]) C. Leiss, Die optischen Instrumente der Firma R. Fuess, Leipzig, 1899 bei W. Engelmann, S. 370ff.

Ablesemikroskopen aber freiläßt. Wie Abb. 27 lehrt, ruht auf einem Dreifuß eine Grundplatte b, die die Säulen b_1 für den Kollimator C und b_2 für das Fernrohr F trägt. Die in dem gläsernen Kolben G durch ein Flämmchen erzeugten Heizdämpfe steigen in dem weiten Rohre $u\ u_1$ in das Gehäuse E, das, wie oben erwähnt, dampfdicht mit Kollimator und Fernrohr verbunden ist, und ent-

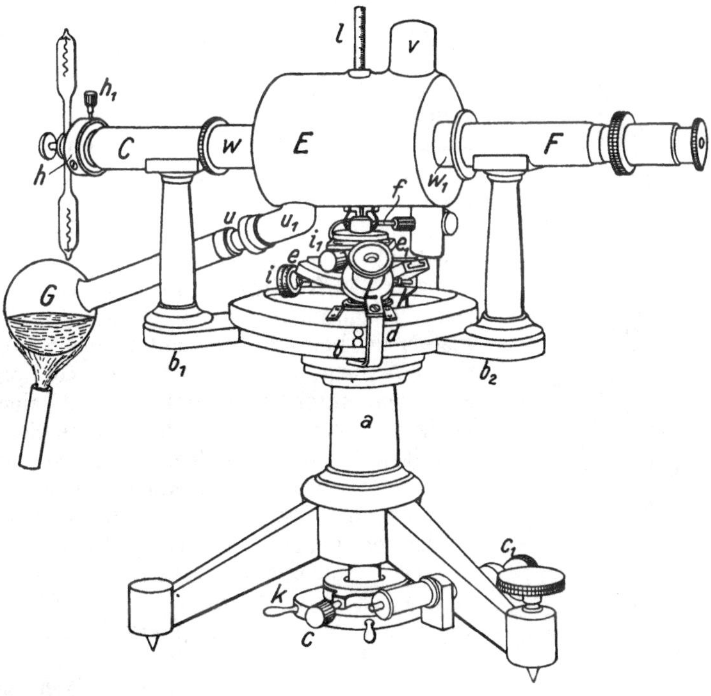

Abb. 27 Das Eijkman-Leiss'sche Spektrometer mit dem Kollimator C auf seiner Säule b, und dem Fernrohr F auf b_2, dem Dampf erzeugenden Kolben G und dem Erhitzungsgefäß E zwischen Kollimator und Fernrohr; aus E ragt nach oben das Thermometer l des Hohlprismas heraus. Dessen Haltestift ist axial bis zum Steuerrad Kc unter dem Träger a des Ganzen durchgeführt.

weichen durch den Ansatz v in eine 1 bis $1\,{}^1/_2$ m lange Vorlage; kleine, sich innerhalb des Gehäuses niederschlagende Mengen der Heizflüssigkeit fließen am Boden des zu diesem Zwecke schwach konisch gestalteten Gefäßes E in den Kolben G zurück. Das Kernstück des Refraktometers, das Hohlprisma, wird vom Heizgehäuse E völlig umschlossen, aus dem nur das Thermometer l herausragt. Dieses bildet, wie Abb. 28 zeigt, den konisch eingeschliffenen Stopfen des schmalen Glasrohrs, das sich unten zu einem Hohlraume mit prismatischem Querschnitt erweitert, dem eigentlichen Hohlprisma. Dessen beide ringförmigen Ränder sind sorgfältig plan geschliffen und mit je einem aufgekitteten ebenen Glasfenster verschlossen. Das so aus der Erweiterung des Rohres und den Fensterplatten gebildete Hohlprisma faßt ${}^3/_4$—1 ccm der Probe, deren Brechungsindex gemessen werden soll. — Um nun das Hohlprisma in eine zuverlässig feste Verbindung mit der Achse des Teilkreises zu bringen, der unter der Schutzkappe K liegt, ist das Rohr des Hohlprismas nach unten verlängert und mit einem Dreikantzapfen versehen, der in eine gleichgestaltete Hülse an der Teilkreisachse paßt; in dieser kann der Zapfen mit der Schraube f festgeklemmt werden. Dadurch wird das Prisma gezwungen, an jeder Drehung des Teilkreises teilzunehmen, die der Beobachter ihm durch das Steuerrad k (mit Klemmung c und Feinstellung c_1) erteilt. Die Bedienung des Steuerrads, das zwischen den drei Füßen dicht über der Tischfläche angeordnet ist, ist bequem und kann die

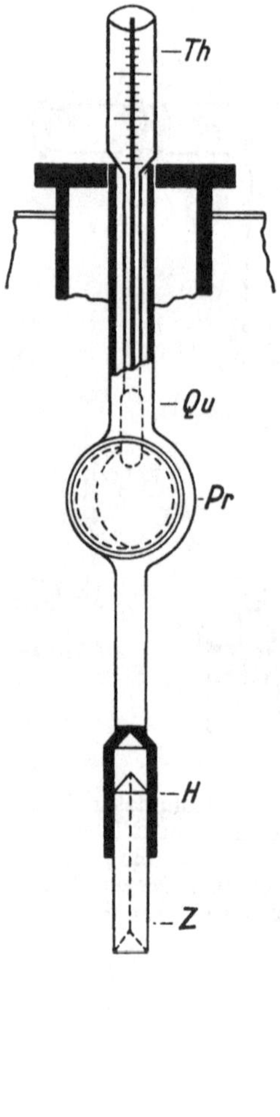

Abb. 28 Das Hohlprisma Pr mit dem oben als Stöpsel eingesetzten Thermometer, unten mit der Hülse H auf seinen metallenen Haltestift Z aufgeschoben.

Lagerung des justierten Hohlprismas nicht gefährden. Die Durchführung des Zapfens durch den Boden des Heizgehäuses ist sorgfältig abgedichtet, ohne die Drehung des Zapfens zu erschweren; ein geringer Spielraum gestattet sogar, mit den Schrauben e und e_1 des Zentriertisches die Achse des Prismas mit der festen Achse des Teilkreises zur Deckung zu bringen. C. Leiss gibt l.c. auf S. 370—379 genaue Anweisungen für die Handhabung des ganzen Instruments, einschließlich der Prüfung der optischen Achsen von Kollimator und Fernrohr durch einen Spaltjustierschlitten am Kollimator und der Verstellung des Fadenkreuzes im Ramsden-Okular des Fernrohrs, und eine Reihe praktischer Winke. Ein Satz von 4 Thermometern, die von 5° bis 145° reichen, trägt den Siedepunkten der bis dahin erprobten Siedeflüssigkeiten Rechnung (Aethyläther: S. P. = ca. 35°, Schwefelkohlenstoff: 46° — 47°, Benzol: 80°—81°, Toluol: 109°—112°, Xylol: 137°—141°). Das in die Probe eintauchende Thermometer zeigte z. B. bei Heizung mit einem Xyloldampf, dessen Siedetemperatur genau 140° betrug „ohne sonderliche Vorsichtsmaßregeln auf 137,3°" und zwar absolut konstant. Man läßt die Siedeflüssigkeit nur mäßig stark kochen.

Die oben angegebenen Temperaturen weisen eine ziemlich grobe und durchaus nicht gleichmäßige Abstufung auf; dasselbe gilt für weitere 6, für die Temperaturen von 120° bis 400° genannte Kohlenwasserstoffe. Eine wesentliche Verfeinerung der Abstufung würde man durch Benutzung des Hoeppler-Thermostaten erhalten, der ebenfalls erlauben würde, die Messungen auf höhere Temperaturen (bis 350°) auszudehnen.

b) Der Verlauf einer Messungsreihe

1. Das Fernrohr wird in die Verlängerung der Kollimatorachse eingestellt: Ablesung I am Teilkreis liefert die Lage des Punktes C in Abb. 29.

2. Verschwenkung des Fernrohrs im Sinne des Uhrzeigers um 40°—': Ablesung II, Punkt B, Klemmung des Fernrohrs an die Achse.

3. Das Prisma wird mit der vortemperierten Probe gefüllt und eingesetzt, mit dem Thermometer als Stopfen verschlossen und mit dem Steuerrade K so weit auf den größeren Einfallswinkel (α) verschwenkt, bis im Fernrohre das Spaltbild auf dem Fadenkreuz

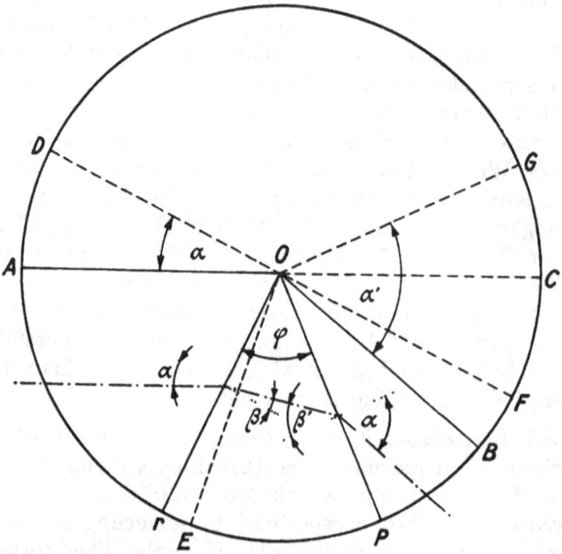

Abb. 29 Strahlengang durch das Leiss'sche Hohlprisma mit fester Ablenkung von 40°.

einsteht; erst dann wird der Prismentisch am Teilkreise festgeklemmt.

4. Prisma mit Teilkreis wird gedreht, bis das Spiegelbild, das die erste Prismenfläche RO im feststehenden Fernrohr erzeugt, auf dem Fadenkreuze sitzt. Dann kommt die Flächen-Normale OD auf OE, die Winkelhalbierende des Winkels AOB zu liegen; also mußte das Prisma um den DOE gedreht werden: III. Ablesung!

Nun ist $DOE = AOE + AOD = {}^1/_2 AOB + \alpha = 70° + \alpha$, also $\alpha = \sphericalangle DOE - 70°$.

5. Da nunmehr $\sphericalangle \varphi$ durch die Konstruktion, $\sphericalangle \delta = 40°$ durch die Einstellung des Fernrohrs nach 2 und $\sphericalangle \alpha$ durch die III. Ablesung ($\alpha = DOE - 70°$) bekannt ist, wird α' aus Gl. (7) (s. unter *c*!) berechnet; dann ergibt sich der gesuchte Brechungsindex zu $n = \frac{\sin \alpha}{\sin \alpha'}$ oder ohne Rechnung aus einer der Tabellen.

c) Die Berechnung des Brechungsvermögens n einer in das Hohlprisma eingefüllten Probe aus den am Eijkmanschen Refraktometer abgelesenen Winkeln

Über das soeben nur kurz geschilderte Eijkmansche Meßverfahren soll nunmehr ausführlich berichtet werden. Man kennt den festen Winkel $\delta = 40°$, um den das Beobachtungsfernrohr gegen den Kollimator geneigt ist, d. h. die Ablenkung δ, die das einfarbige Licht im gefüllten Hohlprisma erfährt; zu messen sind noch der Prismenwinkel φ des Hohlprismas und der Einfallswinkel α an der ersten Prismenfläche, also zwei Winkel in Luft. Aus den alsdann bekannten 3 Winkeln δ, φ und α leitet J. F. Eijkman[1]) den gesuchten Zahlenwert n des Brechungsindex wie folgt ab:

Bezeichnet man den Einfallswinkel an der ersten Prismenfläche (vgl. Abb. 29) mit α und den zugehörigen Brechungswinkel mit α', so ist nach seiner Definition der Brechungsindex

$$(1) \qquad n = \frac{\sin \alpha}{\sin \alpha'},$$

analog gilt an der zweiten Prismenfläche für die Winkel β und β'

$$(1') \qquad n = \frac{\sin \beta}{\sin \beta'}\text{; es ist also } \frac{\sin \alpha}{\sin \alpha'} = \frac{\sin \beta}{\sin \beta'} \text{ und auch}$$

[1]) Vgl. J. F. Eijkman, Rec. trav. chim. des Pays-Bas **13**, 14, 157, 268, 1894, ebd. **14**, 185, 1895 und **15**, 52, 1896; C. Leiss, Z. f. Instrkde **19**, 65, 1899 und C. Leiss, l. c. S. 70.

(2) $$\frac{\sin\beta}{\sin\alpha} = \frac{\sin\beta'}{\sin\alpha'}$$

Ferner ist in dem unteren der kleinen inneren Dreiecke

(3) $$\varphi = \alpha' + \beta'$$

und außerhalb dieses Dreieckes δ, die Ablenkung des betrachteten Strahles AOB

(4) $$\delta = (\alpha - \alpha') + (\beta - \beta') = \alpha + \beta - (\alpha' + \beta') = \alpha + \beta - \varphi = \delta$$

So ergeben sich für β und β' die Werte:

(4′) $\beta = \delta + \varphi - \alpha$ und (3′) $\beta' = \varphi - \alpha'$; diese Werte, in Gl. (2) eingesetzt, liefern

(5) $$\frac{\sin(\delta + \varphi - \alpha)}{\sin\alpha} = \frac{\sin(\varphi - \alpha')}{\sin\alpha'},$$

$$= \frac{\sin\varphi\cos\alpha' - \cos\varphi\sin\alpha'}{\sin\alpha'}, \text{ also}$$

(6) $$\frac{\sin(\delta + \varphi - \alpha)}{\sin\alpha} = \frac{\sin\varphi}{\operatorname{tg}\alpha'} - \cos\varphi.$$

Zur Berechnung des gesuchten Brechungswinkels α' wird diese Gleichung nach $\operatorname{tg}\alpha'$ aufgelöst:

(6′) $$\frac{\sin\varphi}{\operatorname{tg}\alpha'} = \frac{\sin(\delta + \varphi - \alpha)}{\sin\alpha} + \cos\varphi$$

$$\frac{\operatorname{tg}\alpha'}{\sin\varphi} = \frac{1}{\dfrac{\sin(\delta + \varphi - \alpha)}{\sin\alpha} + \cos\varphi} \quad \text{und}$$

(7) $$\operatorname{tg}\alpha' = \frac{\sin\varphi}{\dfrac{\sin(\delta + \varphi - \alpha)}{\sin\alpha} + \cos\varphi}$$

So sind die Winkel α durch Messung und α' durch die Berechnung bekannt und man erhält aus Gl. (1): $\frac{\sin \alpha}{\sin \alpha'} = n$ den gesuchten Wert n des Brechungsindex der in das Hohlprisma eingefüllten Probe.

d) *Tabellen, Meßbereiche und Fehlergrenzen für Hohlprismen mit 50° und mit 60° brechendem Winkel*

Zur Ersparung der Berechnung von n aus Formel (7), die für Serienmessungen recht zeitraubend wäre, haben C. Leiss (Buch 1899, S. 383ff. und J. F. Eijkman[1]) (1909) Tabellen berechnet, die zu dem gemessenen Einfallswinkel α bei bekannter Ablenkung $\delta = 40°$ und für bestimmte Prismenwinkel (bei Leiss für $\varphi = 50°$ und $\varphi = 60°$, bei Eijkman für $\varphi = 44°$, 44°10′, 44°20′ u.s.f. bis $\varphi = 64°50'$) ohne weiteres die zugehörigen Werte von n bis zur fünften Dezimale angeben. Leiss empfiehlt, sich mit 2 Hohlprismen von 50° und 60° brechendem Winkel zu begnügen. Das 50°-Prisma umfaßt die Brechungsindices von 1,37631—1,67318, das von 60° die Brechungsindices von 1,30257—1,52763; mit einem Prisma von 64°50′ würde man bis zu $n = 1{,}26457$ herunter und mit $\varphi = 44°$ bis zu $n = 1{,}78621$ hinauf kommen. Zur Feststellung der erreichbaren Meßgenauigkeit liefert C. Leiss folgende Grundlagen. Ein Teilkreis von 140 mm Durchmesser ergibt, wenn er in $1/2$ Grade geteilt und mit einem 30-teiligen Nonius versehen ist, eine Ablesegenauigkeit von $1/2$ Minute. Eine homogene, gut durchtemperierte Probe in einem Hohlprisma mit Fensterplatten aus spannungsfreiem Glase liefert im Fernrohre Spektrallinien, die man ebenfalls auf $\pm 1/2$ Minute genau auf die Marke im Okular einstellen kann; günstig gerechnet kann also der Fehler der Winkelmessung mit $\pm 1/2'$ angenommen werden. Aus den Tabellen ergibt sich dann, wenn die brechenden Winkel φ genau 50° oder 60° betragen, zu einem Winkelfehler $d\alpha = \pm 1/2'$ folgende Reihe von Fehlern δn, diese in Einheiten der 5. Dezimale ausgedrückt:

[1]) F. J. Eijkman, Tafeln zum Gebrauche bei der Bestimmung von Brechungsindices nach der Methode der konstanten Deviation von 40°, Groningen 1909 bei Gebr. Hoitsema.

Zu $d\alpha = \pm {}^1/_2{}'$ gehören die Werte $dn \cdot 10^{-5}$:

$n =$	$d_n \times 10^{-5}$ bei $\psi = 50°$	$\psi = 60°$
1,303	—	10
1,320	—	9
1,340	—	9
1,360	—	9
1,380	11	8
1,400	11	8
1,420	11	7
1,440	10	7
1,460	10	6
1,480	10	5
1,500	9	4
1,520	9	3
1,540	8	—
1,560	8	—
1,580	7	—
1,600	6	—
1,620	5	—
1,640	4	—
1,660	3	—
1,670	1	—

V. Das spezifische Gewicht

A. Allgemeines

Will man mit der Bestimmung der Brechungsindices mehr erreichen als die Charakterisierung und Identifizierung eines Stoffes, will man also einen von der zufälligen Beobachtungstemperatur unabhängigen Ausdruck erlangen, so muß man, wie dies in der Einleitung besprochen wurde, den Brechungsindex mit dem spezifischen Gewicht kombinieren.

Es hat also eine Bestimmung des spezifischen Gewichtes mit der Bestimmung des Brechungsindex parallel zu gehen, und zwar haben beide Bestimmungen möglichst bei gleichen Temperaturen und — im Falle nicht haltbarer Stoffe — sofort nacheinander zu geschehen.

Das spezifische Gewicht eines Körpers ist das Verhältnis zwischen seinem Gewicht und dem Gewicht des gleichen Volumens Wasser von 4°. Diese Verhältniszahl gibt an, wievielmal schwerer der Körper als das gleiche Volumen Wasser von 4° ist. Da der Zahlenwert für das spezifische Gewicht, $\gamma = \frac{\text{Gewicht}}{\text{Volumen}}$ und die Dichte, $\varrho = \frac{\text{Masse}}{\text{Volumen}}$ identisch ist, wird im Sprachgebrauch des Laboratoriums spezifisches Gewicht und Dichte vielfach gleichgesetzt, z. B. „Dichtbestimmung". So sei dies auch im Folgenden gehalten, und allgemein der Buchstabe *d* benützt.

Da jeder Fehler in der Bestimmung des spezifischen Gewichts der untersuchten Flüssigkeit proportional in den Ausdruck für die Molekularrefraktion eingeht, muß hier auch die so einfache Bestimmung des spezifischen Gewichts besprochen werden.

B. Das Pyknometer

In Betracht kommen hier nur Flüssigkeiten, (ev. Schmelzen und Lösungen) während zur Dichtbestimmung in anderweitigem Aggregatzustand auf die einschlägige Literatur verwiesen sei. Von den vielen für die Flüssigkeiten aufgeführten Möglichkeiten zur Bestimmung dieser Größe erfüllt nur die pyknometrische die Forderung, in kurzer Zeit, auch mit wenig Substanz, genügend genaue Resultate zu liefern.

Für den Laboratoriumsgebrauch haben sich die einfachen Pyknometer nach Ostwald und Sprengel-Rimbach als die geeignetsten erwiesen, welche die Figuren 30 und 31 zeigen. Sie bestehen aus einem Rumpf und zwei angesetzten Röhrchen. Das eine dieser beiden ist in eine kapillare Spitze ausgezogen, das andere, meist etwas weitere Röhrchen trägt nahe dem Rumpf eine Marke. Die Pyknometer werden an einer sorgfältig befestigten Schlinge von dünnem Platindraht so aufgehängt, daß der Markierungsring nicht verdeckt ist.

Die erstgenannte Form ist bedeutend weniger zerbrechlich und besonders für Bestimmungen bei höheren Temperaturen die geeignetste (Fig. 30). Bei recht kleinen Substanzmengen bedient man sich dagegen mit Vorteil der zweiten Form (Fig. 31).

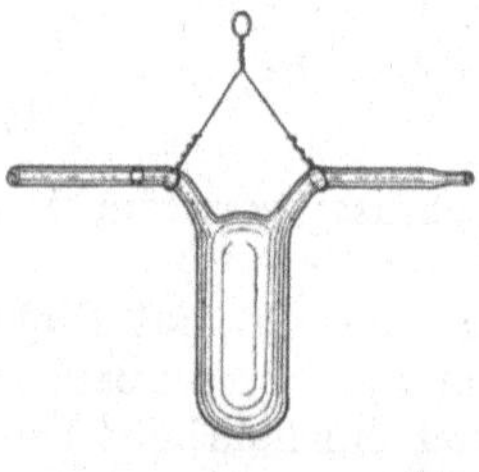
Abb. 30

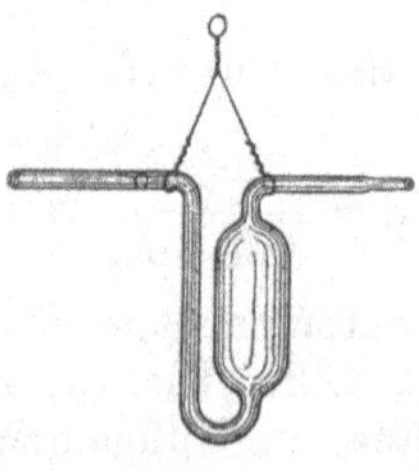
Abb. 31

Abb. 32

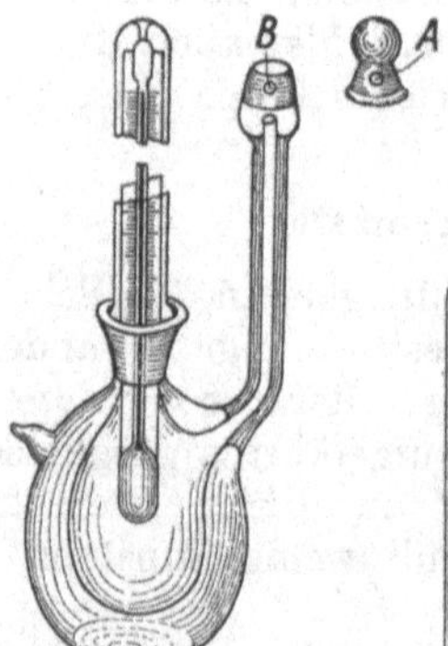

Abb. 33

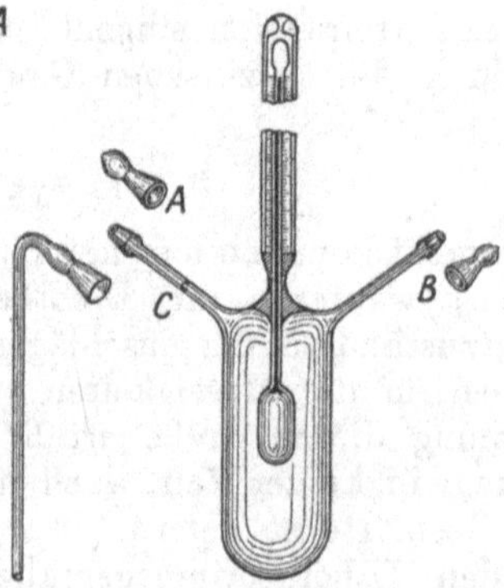

Abb. 34

Abb. 30—34 Pyknometer-Typen

Für Dichtebestimmungen bei höheren Temperaturen kommen auch die Pyknometer von der Form Fig. 32 in Betracht. Hier ist in das Rumpfgefäß der kapillar durchbohrte Glasstöpsel eingeschliffen. Diese Form hat jedoch den Nachteil, daß vielfach beim

Einsetzen des Stöpsel die überschüssige Substanz nicht durch die Kapillare, sondern seitlich am Schliff austritt.

Handelt es sich um sehr niedrig siedende Flüssigkeiten bzw. Lösungen in einem niedrig siedenden Lösungsmittel, so empfiehlt es sich, ein Pyknometer zu wählen, bei dem Verluste durch Verdunsten vermieden werden können (Fig. 33 und 34). Die erstere Form ist dadurch gekennzeichnet, daß der von der Flüssigkeit erfüllte Raum durch einen luftleer gepumpten Mantel daran gehindert wird, eine etwa im Wägezimmer herrschende höhere Temperatur sogleich anzunehmen. Man füllt nach Herausnahme des eingeschliffenen Thermometers und Abnahme der Schliffkappe das Gefäß bis zum Rande, setzt sodann die Kappe auf, und zwar so, daß die Durchbohrung der Kappe genau auf die des Mutterschliffes zu stehen kommt, und setzt nun das Thermometer ein. Zum Schluß wird durch eine Drehung der Kappe auch die Austrittsbohrung verschlossen.

Die zweite hier zu schildernde Form ist dem Sprengel-Rimbachschen Pyknometer nachgebildet. Hier ist das Thermometer eingeschmolzen, der eine Pyknometerarm (A) ist ca. 0,5 mm weit und trägt eine Einstellmarke (C), der zweite engere Arm (B) ist am Ende, wo angesaugt wird, kapillar ausgezogen. Beide Arme enden in Schliffe, welche durch Schliffkappen verschließbar sind. Auf den Schliff des Armes A paßt der Schliff einer gebogenen Röhre, welche zum Füllen des Pyknometers aufgesetzt wird. Im Übrigen ist die Handhabung dieser Schliffstücke ganz wie die des Sprengelschen Pyknometers.

Es empfiehlt sich, einige Pyknometer von verschiedenen Inhalten (Form 30 u. 31) etwa 0,5 cm^3, 1 cm^3 und 3 cm^3 nach durchgeführter Eichung vorrätig zu halten. Eichung oder Bestimmung des spezifischen Gewichtes für die zu untersuchende Flüssigkeit geschieht folgendermaßen:

Man überzeuge sich, daß Platindrahtschlinge und Füllmarke richtig angebracht sind; die Marke, ein mit dem Glasmesser scharf um den Pyknometerast herumgeführter kreisförmiger Strich, darf nicht zu nahe an der Öffnung, dem Ende des Röhrchens, sitzen, damit die Flüssigkeit nicht beim Abwischen des Pyknometers, nach der Herausnahme aus dem Temperierbad, aus dem Röhrchen austritt. Besteht diese Gefahr trotzdem, so spritzt man auf den Pyknometerrumpf etwas Äther, dessen Verdunstung die Flüssigkeit sich schnell zusammenziehen läßt; doch ist nun darauf zu achten, daß sich kein Wasserbeschlag am Pyknometer bildet.

Man fasse nie das gefüllte Pyknometer am Rumpf an, nur am Draht oder am Arm!

Es sind alle Bestimmungen doppelt auszuführen. Bei kleinen Differenzen wird gemittelt.

Um die Ausführung einer Eichung deutlicher zu machen, sei ein vollständiges zahlenmäßiges Beispiel gegeben: Das gut gesäuberte und sorgfältig getrocknete Pyknometer wird zunächst leer gewogen. Sein Gewicht sei zweimal übereinstimmend zu 2,5656 g bestimmt worden. Sodann füllt man es durch Eintauchen

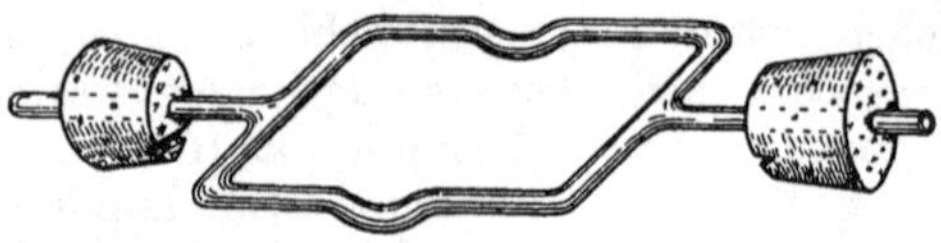

Abb. 35 Vorrichtung zum Einhängen des Pyknometers in das Temperierbad

des nicht kapillar ausgezogenen Rörhchens und Saugen mit destilliertem, ausgekochten und wieder abgekühltem Wasser, wobei das kapillare Röhrchen durch Gummischläuchen und Chlorcalciumrohr mit dem Mund in Verbindung steht. Ist das ganze Pyknometer gefüllt, ohne daß irgend ein Luftbläschen hängen geblieben ist, so hängt man es in ein Bad, dessen Temperatur an einem in $^1/_5$ oder $^1/_{10}$ Grade geteilten Thermometer abgelesen wird. Das Bad besteht aus einem großen mit Wasser gefüllten Becherglas oder Blechtopf, die außen am besten durch Filzbelag oder Lagen von Asbestpapier gegen rasche Temperaturänderungen geschützt sind. Auf dem Rande liegt ein durch Korkstopfen mit zwei kleinen vertieften Ausbuchtungen fixierter Glasrahmen, in die das Pyknometer eingehängt wird (Fig. 35).

Die Korken, welche eventuell mit <-förmigen Ausschnitten versehen werden, schiebt man so, daß sie den Rand des Gefäßes fest umklammern und die horizontale Lage des Glasrahmens fixieren. Das Pyknometer soll so tief im Wasser eintauchen, daß nur die Arme oder wie bei Fig. 33 nur die Schliffe oben herausragen. Man achte darauf, daß das Badthermometer nicht die Wandung des Gefäßes berührt. Das Pyknometer bleibt so lange im Bade (mindestens 10 Minuten), daß er dessen Temperatur völlig angenommen hat, und keine Veränderung des Flüssigkeitsmeniskus mehr zu bemerken ist. Währenddessen wird für die Konstanz der Temperatur gesorgt und öfter mit einem Rührer gerührt.

Einstellung: In unserem Falle haben wir zuerst bei Zimmertemperatur zu arbeiten; sie sei etwa 15°. Der Flüssigkeitsmeniskus in dem weiteren Rohr — das engere Rohr bleibt stets ganz gefüllt — gehe nicht ganz bis zur Marke. Es muß somit Wasser nachgegeben werden, zu welchem Zweck man an einem dünnen, rundgeschmolzenen Glasstab einen Tropfen Wasser an die ausgezogene Spitze des engeren Rohres bringt, die davon aufsaugt. Dabei wird in der Regel der wandernde Meniskus die Marke im weiteren Rohr überschreiten, und man hat nun durch Saugen mit einem Stückchen Filtrierpapier an der Kapillaren den Meniskus genau auf die Marke einzustellen. Steht der Meniskus nach einiger Zeit noch auf der Marke, so ist man sicher, daß die Flüssigkeit die Badtemperatur wirklich angenommen hat. Wir lesen sie zu 15,0° ab. Das Pyknometer wird herausgenommen und sorgfältig mit Fließpapier abgetrocknet, wobei man sich hüten muß, der kapillaren Spitze zu nahe zu kommen.

Das gefüllte Pyknometer wird gewogen. Die Wägung ergibt das Gewicht zu 3,5487 g, mithin wiegt das betreffende Volumen Wasser bei 15,0° 3,5487—2,5656 = 0,9831 g.

Die Bestimmung bei Zimmertemperatur pflegt die genauesten Resultate zu liefern und ergibt für uns somit den Grundwert der Eichung, den eine zweite Einstellung und eine zweite Wägung zu bestätigen hat.

Um die Eichung für alle in Betracht kommenden Temperaturen durchzuführen, bedarf es der Bestimmung des Wasserinhaltes bei verschiedenen Temperaturen, die wir am besten bei 10°, 15°, 20°, 25°, 30° u.s.f. bis 50° mit je zwei Einstellungen und zwei Wägungen durchführen. Bei höheren Temperaturen ist scharf darauf zu achten, ob das Wasser nicht Luftblasen ausscheidet. Kommen für die Dichtebestimmungen nicht so hohe Temperaturen in Betracht, so begnügt man sich mit dem Bereich bis 25° oder 30°.

Früher war es üblich, die spezifischen Gewichte der Flüssigkeiten auf die des Wassers von gleicher Temperatur zu beziehen (d_t^t); man dividierte also nur das Gewicht der Flüssigkeit durch das mit demselben Pyknometer bei der gleichen Temperatur gefundene Gewicht des Wassers. Diese Berechnungsweise kommt nicht mehr in Betracht, seit allgemein die Dichte des Wassers von 4° C als Einheit angenommen ist. Und weiter ist bei dieser strengeren Rechnungsart angenommen, daß alle Wägungen auf den luftleeren Raum reduziert sind. Bei den Wägungen in Luft wird das Gewicht des Pyknometers stets um das Gewicht des verdrängten Luftvolumens zu klein gefunden. Dieses Gewicht ist, wenn wir die kleinen Veränderungen der Luftdichte durch die Temperatur- und Luftdruckschwankungen vernachlässigen, eine konstante Größe, und zwar im Mittel für die in Betracht kommenden Temperaturen 1,2 mg je Kubikzentimeter. Prozentual macht aber diese konstante Größe verschieden viel aus, wenn die Gewichte von Flüssigkeit und Wasser verschieden sind. Nehmen wir der Einfachheit halber an, wir hätten eine Dichtebestimmung bei genau 4° auszuführen, und unser Pyknometer faßte genau 1 cm³. Die wahre Dichte der zu untersuchenden Flüssigkeit bei 4° sei 0,8000 (etwa die Dichte von Äthylalkohol). Dann würden die scheinbaren Gewichte von Flüssigkeit und Wasser in Luft sein: 0,8000 g — 0,00012 und 1,0000 — 0,0012 g; also 7988 g und 0,9988 g. Ihr Verhältnis, d. h. das spezifische Gewicht der Flüssigkeit — ohne Reduktion auf den luftleeren Raum —

wäre also $\frac{0,7988}{0,9988} = 0,7998$ statt 0,8000.

Hilfstabelle zur Eichung des Pyknometer

Dichte des destillierten Wassers Q und $\log Q - \delta$ (δ = mittlere Dichte der atmosphärischen Luft = 0,0012) für $t = 5{,}0°$ bis $t = 30{,}5°$ in Abständen von 0,5°.

Die Kennziffer sämtlicher Logarithmen ist 0,0 .... — 1.

$t°$	Q_t	$\log (Q_t - \delta)$	$t°$	Q_t	$\log (Q_t - \delta)$
5,0°	0,999 99	0,999 47 — 1	5,5°	0,999 98	0,999 47 — 1
6,0°	97	47 — 1	6,5°	95	46 — 1
7,0°	93	45 — 1	7,5°	90	44 — 1
8,0°	88	43 — 1	8,5°	84	41 — 1
9.0°	81	40 — 1	9,5°	77	38 — 1
10,0°	0,999 73	0,999 36 — 1	10,5°	0,999 68	0,999 34 — 1
11,0°	63	32 — 1	11,5°	58	30 — 1
12,0°	53	27 — 1	12,5°	47	25 — 1
13,0°	40	22 — 1	13,5°	34	19 — 1
14,0°	27	16 — 1	14,5°	20	13 — 1
15,0°	0,999 13	0,999 10 — 1	15,5°	0,999 05	0,999 07 — 1
16,0°	0.998 97	03 — 1	16,5°	0,998 89	00 — 1
17,0°	80	0,998 96 — 1	17,5°	71	0,998 92 — 1
18,0°	62	88 — 1	18,5°	53	84 — 1
19.0°	43	80 — 1	19,5°	33	75 — 1
20,0°	0,998 23	0,998 71 — 1	20,5°	0,998 13	0,998 66 — 1
21,0°	02	62 — 1	21,5°	0,997 91	57 — 1
22,0°	0,997 80	52 — 1	22,5°	68	47 — 1
23,0°	56	42 — 1	23,5°	45	37 — 1
24,0°	32	31 — 1	24,5°	20	26 — 1
25,0°	0,997 07	0,998 20 — 1	25,5°	0,996 94	0,998 15 — 1
26,0°	0,996 81	09 — 1	26,5°	68	03 — 1
27,0°	54	0,997 97 — 1	27,5°	40	0,997 91 — 1
28,0°	26	85 — 1	28,5°	12	79 — 1
29,0°	0,995 97	72 — 1	29,5°	0,995 82	66 — 1
30,0°	0,995 67	0,997 59 — 1	30,5°	0,995 52	0,997 53 — 1

Hätten wir dagegen eine Flüssigkeit von der wahren Dichte 1,5000 zu untersuchen (etwa Chloroform), so würden wir ohne

Reduktion auf den luftleeren Raum $\frac{1,4988}{0,9988} = 1,5006$ statt 1,5000

finden. Gibt man also bei den spezifischen Gewichten die vierte Dezimale an, so muß man die Reduktion aufs Vakuum ausführen, damit diese vierte Dezimalstelle richtig ausfällt.

Arbeitet man nicht gerade bei 4° C, so haben wir außer der Reduktion auf das Vakuum noch die Umrechnung des Wassergewichtes auf 4° auszuführen. Dies geschieht dadurch, daß man die bei $t°$ aufs Vakuum reduzierten Gramme Wasser noch durch die Dichte des Wassers bei $t°$ (Q_t) dividiert.

Stellt W das in Luft gewogene Gewicht Wasser bei $t°$ dar, dagegen F das unter den gleichen Umständen bestimmte Gewicht der Flüssigkeit, dann ergibt der Ausdruck

$$d_{4}^{t\,\mathrm{vac.}} = F\,\frac{Q - 0,0012}{W} + 0,0012$$ [1]

die wahre Dichte der Flüssigkeit bei $t°$, bezogen auf Wasser von 4° C und das Vacuum.

Ableitung dieser Formel

Es sei V das Volumen des Pyknometers, λ das Gewicht der verdrängten Luft, wobei das Gewicht von 1 cm^3 Luft im Mittel mit 0,0012 g anzusetzen ist; also $\lambda = 0,0012 \cdot V$.

Für die wahre Dichte einer Flüssigkeit gilt

$$d_{4}^{t\,\mathrm{vac.}} = \frac{F + \lambda}{W + \lambda} \cdot Q\,.$$

[1]) Der Zusatz vac. wird im Text meist weggelassen; eine neuzeitliche Angabe d_{4}^{20} bedeutet also tatsächlich $d_{4}^{20\,\mathrm{vac.}}$

Das Volumen V des Pyknometers bestimmt sich zu $\frac{W + \lambda}{Q}$; dann ist $\lambda = 0{,}0012$ u. $V = 0{,}0012\,\frac{W + \lambda}{Q}$ zu setzen, oder umgeformt

$$\lambda = \frac{0{,}0012\ W}{Q - 0{,}0012}\ ^{1)}$$

Dieser Wert für λ wird in die Berechnungsformel für die Dichte eingesetzt, und die Gleichung wird vereinfacht:

$$\cdot d_4^{t\,\text{vac.}} = \frac{F + \lambda}{W + \lambda} \cdot Q = \frac{F + \frac{0{,}0012\ W}{Q - 0{,}0012}}{W + \frac{0{,}0012\,W}{Q - 0{,}0012}} \cdot Q$$

$$= \frac{F\,(Q - 0{,}0012) + 0{,}0012\ W}{W\,(Q - 0{,}0012) + 0{,}0012\ W} \cdot Q$$

$$= \frac{F\,(Q - 0{,}0012) + 0{,}0012\ W}{W \cdot Q} \cdot Q = \frac{F\,(Q - 0{,}0012)}{W} + 0{,}0012.$$

Den Ausdruck

$$\frac{Q - 0{,}0012}{W}$$

nennt man die „Pyknometerkonstante" für die betreffende Temperatur.

---

[1]

$$\lambda = \frac{0{,}0012\ W}{Q} + \frac{0{,}0012\ \lambda}{Q}$$
$$\lambda\,Q = 0{,}0012\ W + 0{,}0012\ \lambda$$
$$\lambda\,(Q - 0{,}0012) = 0{,}0012\ W$$
$$\lambda = \frac{0{,}0012\ W}{Q - 0{,}0012}$$

Man berechne sich die Werte von $\log \frac{Q - 0{,}0012}{W}$ für alle Temperaturen, bei denen das Pyknometer geeicht wurde. Zur vereinfachten Berechnung dieser Werte findet man in der Hilfstabelle S. 85 die Werte für log (Q — 0,0012) von 5° bis 30° in Intervallen von 0,5°.

Aus den derart berechneten Werten stellt man sich für die Werte von $\frac{\log Q - 0{,}0012}{W}$ durch Interpolation eine Tabelle für jeden Grad zusammen, so wie das in der folgenden Tabelle für das genannte Pyknometer durchgeführt wurde.

Kleine Unstimmigkeiten gleicht man aus. Widersprechen sich einige Daten, so entscheidet der Grundwert, d. i. die der Zimmertemperatur am nächsten liegende Angabe.

Außer den Werten für

$$\log \frac{Q - 0{,}0012}{W}$$

hat die Tabelle nur noch das Leergewicht des Pyknometers aufzuführen.

Pyknometer-Eichung

Leergewicht des Pyknometers 2,5656 g

I C°	II Pyknometer + Wasser	III Gramme Wasser	IV log Gramme Wasser	V $\log \frac{\text{spez Gew } H_2O - 0{,}0012}{\text{Gramme Wasser}}$	VI $= \log \frac{Q - 0.0012}{W}$	Iª C°
10,1°	3,5492	0,9836	0,99282—1	0,00654	0,00654	10
11					0,00653	11
12					0,00653	12
13					0,00652	13
14					0,00651	14
15,0°	3,5487	0,9831	0,99260—1	0,00650	0,00650	15
16					0,00650	16
17					0,00649	17
18					0,00648	18
19					0,00648	19
20,0°	3,5479	0,9823	0,99224—1	0,00646	0,00647	20
21					0,00646	21
22					0,00646	22
23					0,00645	23
24					0,00644	24
24,9°	3,5469	0,9813	0,99178—1	0,000643	0,00643	25
26					0,00643	26
27					0,00642	27
28					0,00641	28
29					0,00641	29
29,8°	3,5455	0,9799	0,99118—1	0,00640	0,00640	30
31					0,00639	31
32					0,00638	32
33					0,00638	33
34					0,00637	34
35,0°	3,5441	0,9785	0,99054—1	0,00636	0,00636	35
36					0,00636	36
37					0,00635	37
38					0,00634	38
39					0,00634	39
39,8°	3,5423	0,9767	0,98976—1	0,00633	0,00633	40
41					0,00632	41
42					0,00632	42
43					0,00631	43
44					0,00630	44
44,7°	3,5404	0,9748	0,98892—1	0,00630	0,00630	45
46					0,00629	46
47					0,00628	47
48					0,00627	48
49					0,00626	49
50,0°	3,5384	0,9728	0,98802—1	0,00625	0,00625	50

In unserem Beispiel ist

$$
\begin{array}{rl}
\log (Q - 0{,}0012) & = 0{,}99910 - 1 \\
- \log \quad W & = 0{,}99260 - 1 \\
\hline
\log \dfrac{Q - 0{,}0012}{W} & = 0{,}00650
\end{array}
$$

Daß der Logarithmus dieses Ausdruckes (vgl. die Tabellenwerte) mit steigender Temperatur abnimmt, ist dadurch zu erklären, daß sich mit steigender Temperatur nicht nur die Flüssigkeiten, sondern auch das Glas — allerdings in viel geringerem Ausmaß — ausdehnt.

Es entspricht aber die Größe $\frac{Q - 0{,}0012}{W}$ ziemlich genau dem Werte $\frac{1}{v}$, dem reziproken Volumen. Wenn V mit steigender Temperatur wächst, muß $\frac{1}{V}$ und damit auch $\frac{Q - 0{,}0012}{W}$ und sein Logarithmus abnehmen.

Man kann aus der Tabelle auch den kubischen Ausdehnungshöchstkoeffizienten des Glases β berechnen:

$$V_{50^\circ} = V_{10^\circ} (1 + \beta (50 - 10^\circ))$$

$$\beta = \frac{\frac{V_{50^\circ}}{V_{10^\circ}} - 1}{50 - 10}$$

$\log \frac{V_{50^\circ}}{V_{10^\circ}}$ ist gleich der Differenz der Pyknometerkonstanten bei 10° und 50°, also gleich 0,00029.

$\frac{V_{50^\circ}}{V_{10}}$ ist also gleich $V \cdot 0{,}00029 = 1{,}00067$, womit sich β zu $\frac{0{,}00067}{40} = 0{,}000017$ berechnet.

Auf sehr weitgehende Genauigkeit kann der derart ermittelte Wert keinen Anspruch erheben, da mit einer allzu kleinen Wassermenge gearbeitet wurde. Es würde eine Wägedifferenz von nur 0,1 mg den Wert um $^1/_8$ ändern (statt $17 \cdot 10^{-6}$ ergäbe sich $19 \cdot 10^{-6}$ bzw. $15 \cdot 10^{-6}$). Zu wirklich brauchbaren Ergebnissen kommt man für diesen Zweck nur bei Benutzung von erheblich größeren Pyknometern.

C. Bestimmung der Dichte einer Flüssigkeit

Das Pyknometer, das man so groß wählt, wie die zur Verfügung stehende Flüssigkeitsmenge gestattet, wird mit der zu untersuchenden Flüssigkeit gefüllt. Nach Annahme der Badtemperatur wird der Meniskus auf die Marke eingestellt, und sodann die Wägung des abgetrockneten Pyknometers vorgenommen.

Es sei die Temperatur des Bades zu 13,0° abgelesen, das Gewicht des gefüllten und getrockneten Pyknometers zu 3,4356 bestimmt worden, damit das Gewicht der Füllung zu 3,4356 — 2,5656 = 0,8700 g. Zu dem Logarithmus dieser Zahl ist der Logarithmus der Pyknometerkonstanten für 13,0° aus der Tab. S. 89 zu entnehmen und zuzuzählen. Der Numerus dieser Summe ergibt nach Addition von 0,0012 (Luftdichte) den gesuchten Wert:

$$0{,}93952\ (-1) + 0{,}00652 = 0{,}94004\ (-1)$$

$$\text{Num},\ 0{,}94604 - 1 = 0{,}8832$$

$$d\,{}^{13\ \text{vac.}}_{4} = 0{,}8832 + 0{,}0012 = 0{,}8844$$

Wurden die Brechungsindices der Flüssigkeit nicht gerade bei 13,0°, sondern bei einer benachbarten Temperatur bestimmt, z. B. bei 14,6°, so rechnet man die Dichte um. Dazu müßte man bei strengem Vorgehen die Änderung der Dichte mit der Temperatur für die vorliegende Substanz kennen. Für geringe Temperaturdifferenzen kann man Mittelwerte benutzen. Es entspricht einem Temperaturanstieg von 1° (sofern die Temperaturen nicht zu nahe am Siedepunkt der Flüssigkeit liegen) mit hinreichender Genauigkeit eine Änderung der Dichte um — 0,00093 (S. 95). Der Differenz von 1,6° (14,6° — 13,0°) entspricht also ein Abzug von 0,0015; es ist also $d_{4}^{14,6\,\text{vac.}} = 0,8829$.

Anm. Die Änderung der Brechungsindices mit der Temperatur, die Größe $\frac{dn}{dt}$ zeigt sich etwas abhängiger vom Bau des Moleküls. Über die Umrechnung dieser Größen vgl. S. 95.

Arbeitet man bei einer Temperatur, welche nicht in das Temperaturintervall der Eichung fällt, so hat man das Pyknometer bei der betreffenden Temperatur mit Wasser auszuwägen.

Sehr viel einfacher gestaltet sich die Eichung wenn man grundsätzlich Pyknometer ein und derselben Glassorte benutzt, deren Ausdehnungskoeffizient bekannt ist. Man hat dann nur bei Zimmertemperatur eine genaue Bestimmung durchzuführen (mindestens zwei Einstellungen und Wägungen) und kann sich die ganze Tabelle aus diesem Wert berechnen. So gibt es eine Sorte Jenaer Normalglas[1]), bei dem der tabellierte Wert für

$$\log \frac{Q - 0,0012}{W}$$

sich von Grad zu Grad um genau eine Einheit der fünften Dezimale ändert; es gilt dies allerdings streng nur bei Intervallen zwischen 10° und 30°, dem gewöhnlichen Arbeitsgebiet. Bei größeren Intervallen pflegen alle Ausdehnungskoeffizienten stärker zu wachsen[2]).

Strebt man nicht die äußerste Genauigkeit an, so kann man bei nicht zu großen Temperaturdifferenzen für jedes Pyknometer, ganz gleich aus welcher Glassorte es besteht, pro 1 Grad Temperaturanstieg von der Größe

$$\log \frac{Q - 0,0012}{W}$$

---

[1]) Jenaer Normalglas XVI, für das der kubische Ausdehnungskoeffizient bei 18° 0,0000234 ist. Damit wird log (1 + 0,0000234 t) zu 0,0000100 für kleine Werte von t.

[2]) Man muß dann mit Ansätzen wie $V_t = V_0 (1 + \alpha t + \beta t^2 + \ldots)$ rechnen. Bei kleinen Temperaturdifferenzen bricht man die Reihe mit dem ersten Zusatzglied ab, wie dies oben geschehen ist.

0,00001 abziehen. Denn die Ausdehnungskoeffizienten aller gebräuchlichen Gläser liegen bei Zimmertemperatur zwischen 0,000016 und 0,000025. Für 10° Temperaturdifferenz ergibt der erste Wert 0,00007, der zweite 0,00011 an Stelle von 0,00010. Eine Abweichung von 0,00003 Einheiten des Logarithmus bedeutet aber für einen Dichtewert von 0,8000 erst eine Änderung von 0,00005 Einheiten, bei einer Dichte von 1,500 genau eine solche von 0,0001. Das wäre die Fehlergrenze für eine zu ermittelnde Dichte.

D. Bestimmung der Dichte bei höherer Temperatur

Die Bestimmung des spezifischen Gewichts einer Schmelze bei höherer Temperatur gestaltet sich etwas schwieriger und verlangt neben raschem Arbeiten einige Übung zumal dann, wenn sich der zu untersuchende Stoff nicht unterkühlen läßt.

Man stellt am besten einen Trockenschrank auf eine etwas höhere Temperatur als die des Bades ein, also etwa auf 55 bis 60°, wenn der Schmelzpunkt der Verbindung bei 40°, und die Temperatur des Bades bei 45° liegt. Pyknometer und Substanz nehmen die Temperatur des Trockenschrankes an, während eine konstante Badtemperatur eingestellt wird. Sodann wird das Pyknometer gefüllt, eingehängt und es wird an einem vorgewärmten Glasstab sofort ein Tropfen der Schmelze an die Spitze des Pyknometers gebracht, so daß auch nach Annahme der Badtemperatur der Meniskus die Marke überschreitet. Wurde die Badtemperatur angenommen, so wird wieder mit einem Stückchen Fließpapier auf die Marke eingestellt, während man nach gutem Umrühren das Thermometer abliest. Sollte die Substanz in einer der aus dem Bad herausragenden Röhrchen erstarren, so erwärmt man die betreffende Stelle mit einem warmen Metallspatel bis die Verflüssigung wieder eingetreten ist. Zu empfehlen ist es, die Heizflamme des Bades mit irgend einer Reguliervorrichtung zu verbinden, wie solche in Thermostaten verwendet werden.

Bei Verwendung eines Pyknometers mit eingeschliffenen Stopfen ist man auf eine größere Menge Substanz angewiesen. Abgesehen von der einen Schwierigkeit, die Vermeidung des Austritts der überschüssigen Flüssigkeit seitlich statt durch die Kapillare, wird man bei höheren Temperaturen hier leichter zu Streich kommen.

Bei der bedeutend selteneren Anwendung eines solchen Pyknometers wird man zumeist auf eine Eichungstabelle verzichten.

Für genaues Arbeiten ist auf folgendes zu achten:

1. Jedes Pyknometer ist wie ein Thermometer — ihm im Bau durchaus analog — der thermischen Nachwirkung unterworfen. Hat man das Pyknometer zuerst bei 10° ausgewogen, es dann auf 50° erhitzt und will nun die Bestimmung bei 10° wiederholen und zwar sofort, so wird man ein zu hohes Wassergewicht finden, weil das der höheren Temperatur entsprechende Glasvolumen bei schneller Abkühlung noch einige Zeit erhalten bleibt und nur langsam zurückgeht. Hat man also Bestimmungen bei hohen und tiefen Temperaturen auszuführen, so beginnt man mit der tieferen Temperatur. Aus dem gleichen Grunde vermeide man es, beim Trocknen unnötig hoch zu erhitzen. Man spüle mit abs. Alkohol und Äther und sauge mit der Wasserstrahlpumpe trockene Luft durch das Pyknometer.

2. Ältere Thermometer, namentlich solche aus geringeren Glassorten, zeigen oft zu hohe Temperaturen an. Bei Bestimmungen, bei denen einigermaßen auf Genauigkeit Wert gelegt wird, vergleiche man daher die beiden Thermometer, welche für die Bestimmung der Brechungsindices einerseits und andererseits für die der Dichte Verwendung finden. Zweckmäßig vereinigt man deren Ablesung mit einer solchen an einem Normalthermometer. Die einmal festgestellten Abweichungen zieht man bei allen weiteren Temperaturablesungen in Betracht.

E. Änderungen der Dichte und der Brechungsindices mit der Temperatur

Beide Änderungen sind einer jeden Substanz eigentümliche Größen, so daß man sich gemeinhin mit sorgfältig an verschiedenartigem Material ermittelten Durchschnittswerten als Annäherung begnügen muß.

Änderung der Dichte pro 1°

Eine ältere Angabe von Brühl setzte für Flüssigkeiten als mittlere Größe für den Temperaturanstieg um 1° den Abfall der Dichte um 0,0008 Einheiten ein.

An einem größeren Material, auf dessen Verschiedenartigkeit des Molekülbaus geachtet wurde, ergab sich als Mittelwert je 1° 0,00093 Einheiten. Dabei sei betont, daß dieser Koeffizient nicht ohne weiteres bei Temperaturen über 50° angewendet werden soll, und daß ferner das betreffende Temperaturgebiet nicht zu nahe dem Siedepunkt liegt.

Das benutzte Zahlenmaterial zeigte für die Temperaturänderung von 1° als Minimum den Wert 0,00069, als Maximum 0,00107, woraus ersichtlich ist, daß es sich bei der obigen Angabe nur um einen groben Annäherungswert handelt, den man am besten nur für Bruchteile eines Grades benutzt, beispielsweise für eine Umrechnung von 16,6° auf 16,0° mit dem Zahlenwert 0,0006.

In vielen Fällen empfiehlt es sich als Änderungsgröße je 1° $^1/_{900}$ des spezifischen Gewichtes anzuwenden, besonders dann, wenn es sich um spezifisch schwere Flüssigkeiten handelt. Auch für Benzol und ähnliche Kohlenwasserstoffe leistet diese Rechnungsart gute Dienste.

Für Wasser ist dessen abnorm kleine Ausdehnung hervorzuheben.

Änderung der Indices pro 1°

Ein möglichst verschiedenartiges Material hatte in Nachprüfung eines älteren Wertes von Brühl (0,00045 Einheiten) einen Mittelwert ergeben.

H_α	D	H_β	H_γ
0,00044	0,00044	0,00045	0,00046'

der bestens die genannte Zahl bestätigt. Es handelt sich um jeder Substanz eigentümliche Daten, die

	H_α	H_γ	
als Maximum	0,00053	0,00058	Einheiten
als Minimum	0,00038	0,00039	

aufwiesen.

Ersichtlich empfiehlt sich als einheitlicher Koeffizient für alle Lichtarten der Wert von 0,00045 Einheiten, und man wird bei der Abstimmung der Ablesedaten für Dichte und Brechungsindices auf die gleiche Temperatur die Umrechnung der Brechungsindices bevorzugen, da die Abweichungen vom Mittelwert hier erheblich kleiner ausfallen. Für große Temperaturdifferenzen wird der Wert für $\frac{dn}{dt}$ an dem Untersuchungsmaterial festzustellen sein.

VI. Die chemische Auswertung der Messung von Brechungsindex und Dichte

A. Die Entwicklung der Molekularrefraktion und Dispersion

1) Die Refraktionskonstante

Die Refraktionskonstante sollte einen auf Dichte und Brechungsvermögen der Substanz beruhenden Ausdruck darstellen, von dem man verlangte, daß er sich unabhängig von den äußeren Bedingungen, also Aggregatzustand, Temperatur und Druck zeigt. Ein solcher Ausdruck wurde in der Form $\frac{n^2 - 1}{d}$ erstmals von Newton vor drei Jahrhunderten im Anschluß an seine Emanationstheorie des Lichtes aufgestellt. Man hat dann einen solchen Ausdruck zum Vergleich verschiedener Stoffe herangezogen und in ihn das Molekulargewicht als Faktor eingeführt, und somit der „spezifischen Refraktion“ die „Molekularrefraktion“ gegenübergestellt.

Anorganischen Flüssigkeiten führten Dale u. Gladstone (1858) systematische Untersuchungen über die Molekularrefraktion aus. Sie benutzten einen empirisch abgeleiteten Ausdruck $\frac{n - 1}{d} \cdot M$

Er ist dann gegenüber einem auf theoretischen Grundlagen von Lorentz u. Lorenz unabhängig voneinander ermitteltem Ausdruck $\frac{n^2-1}{n^2+2} \cdot \frac{M}{d}$ verdrängt worden.

Bei bleibendem Aggregatzustand leisten die beiden Ausdrücke beinahe gleich gute Dienste. Es gibt bei steigender Temperatur der Ausdruck $\frac{n-1}{d}$ etwas fallende, der Ausdruck $\frac{n^2-1}{n^2+2} \cdot \frac{1}{d}$ etwas steigende Werte.

Auf dieser Divergenz fußend stellte Eijkman einen Interpolationsausdruck $\frac{n^2-1}{n+0{,}4} \cdot \frac{1}{d}$ auf, welcher in der Tat für größere Temperaturintervalle vorzügliche Dienste leistet. Als rein empirisch abgeleiteter Ausdruck setzte er sich indessen nicht durch.

Der Lorentz-Lorenzsche Ausdruck der Molekularrefraktion $\frac{n^2-1}{n^2+2} \cdot \frac{M}{d}$ soll seiner Ableitung nach den Raum angeben, den das Molekül ohne seinen Schwingungsraum einnimmt. Wir sehen entsprechend in dem Zahlenwert dieses Ausdruckes eine relative Angabe der Raumerfüllung (cm^3 je Mol.), wenn auch streng genommen die Ableitung nur mit bestimmten Einschränkungen gilt.

2) Molekularrefraktion und Dispersion

Als Lichtarten benutzt man für gewöhnlich die drei Wasserstofflinien (H_α rotes, H_β blaugrünes, H_γ violettes Licht) sowie die gelbe Natriumlinie (D) oder die gelbe Heliumlinie (D_3)[1]) (vgl. S. 41) Die Werte für die Molekularrefraktion, aufgestellt für einen be-

[1]) Der roten H_α-Linie des Wasserstoffs (C) kommt die Wellenlänge 6562,8 Angström-Einheiten zu, der blaugrünen H_β-Linie (F) 4861,3 A-E und der violetten H_γ-Linie (S') 4340,5 A-E. Die Wellenlängen des Natriumlichtes sind für die D_1-Linie 5890,2 A-E, für D_2 5896,1 A-E. Beide Spektrallinien erscheinen bei nicht allzugroßer Dispersion als eine Linie, gemittelt 5893 A-E, der die gelbe Heliumlinie D_3 5876 A-E (1 A-E = 10^{-8} cm) nahe benachbart ist.

stimmten Lichtstrahl, geben deshalb keine streng vergleichbare Größen, weil sie von dem der Verbindung eigenen Dispersionsvermögen abhängig sind. Um sich von der Dispersion unabhängig zu machen, versuchte man die Molekularrefraktion M_A für einen Strahl unendlich großer Wellenlänge anzugeben und meinte damit nun allen störenden Einflüssen zu begegnen, welche die reine Addivitität des Ausdruckes verhindern. Als erkannt wurde, daß eine jede Verbindung an irgend einer Stelle des Spektrums anomale Dispersion aufweist, das heißt, daß die Brechungsindices nicht stetig mit wachsender Wellenlänge fallen, sondern daß Maxima und Minima im sichtbaren oder ultravioletten Teil des Spektrums auftreten, als dann bekannt wurde, daß auch ein solcher Ausdruck für M_A durchaus nicht der Forderung auf reine Additivität gerecht wird, verschwand er für solche Zwecke. Bis er dann in der neuesten Zeit bei der Bestimmung des Dipolmomentes wieder auftauchte, wo der auf n_∞ bezogene Ausdruck die Orientierungspolarisation P_o

$$P_o = \frac{n^2_\infty - 1}{n^2_\infty + 2} \cdot \frac{M}{d},$$

während der Ausdruck mit der die Elektrizitätskonstanten

$$P_D = \frac{\varepsilon - 1}{\varepsilon + 2} \cdot \frac{M}{d}$$

die Verschiebungs- = Deformationspolarisation P_D darstellt. Aber auch bei der Ermittelung der Orientierungspolarisation hat man vielfach auf die Ermittelung eines n_∞ verzichtet und dafür M_α oder M_D eingesetzt, d. h. die Molekularrefraktion auf einen leicht handlichen Brechungsindex endlicher Wellenlänge bezogen.

Dieser Wert für n_∞, der nicht experimentell zugänglich war, mußte durch Berechnung auf Grund eines Ansatzes gewonnen werden. Als solcher wurde besonders eine von Cauchy aufgestellte Formel benutzt, bei deren Ableitung man von der Annahme ausgegangen war, daß der Brechungsindex eines jeden Mediums mit wachsender Wellenlänge einem Minimum zustrebt, einem Grundwert also, der erreicht ist, wenn $\lambda = \infty$ geworden ist.

Wohl gerade durch den Umstand, daß die Dispersion eines Stoffes aus dem Refraktionsausdruck nicht zu eliminieren ist, wurde Brühl veranlaßt, systematische Untersuchungen über das Zerstreuungsvermögen des Lichts im Zusammenhang mit der Konstitution der Stoffe anzustellen. Als Dispersionsausdruck wählte er die Differenz der Molekularrefraktionswerte für die Wasserstofflinien H_γ und H_α, die dann später aus praktischen Gründen durch die Dispersion $H_\beta - H_\alpha$ ergänzt wurde.

3) Molekularrefraktion und -Dispersion und Konstitutionsbestimmungen. Atomrefraktionen.

a) *Die historische Entwicklung*

Die ältere Anschauung über die Molekularrefraktion und auch -Dispersion sah in ihr eine rein additive Eigenschaft des Moleküls, wie man ja auch das Molekularvolumen additiv aus den Atomvolumina zusammensetzte. Allmählich erkannte man, daß in der Refraktometrie, wie auch so ziemlich auf allen anderen Erscheinungsgebieten die Eigenschaften der Verbindungen nur angenähert additiv sind, daß vielmehr daneben sich noch spezielle Einflüsse des Molekülbaus geltend machen. Dies Ergebnis entsprang den fortlaufenden Arbeiten von älteren Forschern, von denen hier nur die Namen Dale, Gladstone, Landolt, Brühl und Eijkman genannt werden sollen. So wurde es allmählich der Zweck solcher Arbeiten, die Molekularrefraktion und -Dispersion zur Konstitutionsaufklärung heranzuziehen.

Für optische Untersuchungen zum Zwecke von Konstitutionsfragen war es nötig, die Refraktionseinflüsse der einzelnen Atome (sog. Atomäquivalente) mit einiger Sicherheit zu berechnen, um in der Summe der Atomrefraktionen den „theoretischen Wert" der Molekularrefraktion zu erhalten. Das Gleiche war für die Dispersion durchzuführen. Dazu boten homologe Reihen der verschiedenen Verbindungstypen die besten Aussichten, und ihr Studium wurde dementsprechend am ersten in Angriff genommen. Der Weg sei hier kurz angedeutet.

Zunächst bestimmt man aus einer größeren Zahl von homologen Reihen das der Zusammensetzungs-Differenz CH_2 entsprechende

Äquivalent. Durch Subtraktion dieses Wertes bzw. seiner Multipla von den Werten für die Paraffine C_nH_{2n+2} gelangt man zum Wert für zwei Wasserstoffatome. Aus der Differenz der Werte für $CH_2 - 2H$ ergibt sich das Äquivalent für den Kohlenstoff.

Andererseits führt die Kombination der Alkohole und Äther (beide $C_nH_{2n+2}O$) mit den Paraffinen (C_nH_{2n+2}) zu den Äquivalenten für den Alkohol-(O·) und den Äthersauerstoff (O<), beide etwas von einander verschieden, Wogegen die Differenz der Werte für die Aldehyde und Ketone gegenüber (CH_2) uns das Äquivalent für den Carbonylsauerstoff (O··) ergeben.

Brühl hatte zuerst gezeigt, daß in jeder olefinischen und aromatischen Verbindung nur dann ein Anschluß der Werte für die Molekularrefraktion, und noch verstärkt für die Molekulardispersion erreicht werden kann, wenn jeder mehrfachen Kohlenstoff-Kohlenstoffbindung durch ein besonderes Zusatzglied, ein Inkrement, Rechnung getragen wird. In dieser Form ist jede doppelte und dreifache Bindung zwischen Kohlenstoffatomen zu berücksichtigen.

Die Gesamtheit dieser und anderer Werte enthalten die mehrfach revidierten Aufstellungen der Atomäquivalente (vgl. S. 131). Man ist im Großen und Ganzen auch bei dieser Betrachtungsweise geblieben, wenn auch die andere Möglichkeit angeschnitten wurde, durch summierte Gruppenwerte die sogenannten „theoretischen Werte" für Molekularrefraktion und -dispersion zu erhalten[1]). Dem liegt die richtige Beobachtung zu Grunde, daß jeweils ein Kohlenstoffatom nach seiner besonderen Bindungsweise sich mit einem etwas größeren oder kleineren Refraktions- und Dispersionswert äußert, ähnlich wie dies schon für den Hydroxylsauerstoff (C−O−H) gegenüber dem Äthersauerstoff (C−O−C) erwähnt wurde[2]).

[1]) Über Gruppenäquivalente vgl. die Tabellen von Landolt-Börnstein-Roth, 3. Aufl. Erg.-Band II, S. 822. u. Erg.-Band III, S. 1694.

[2]) Insoweit liegt bei den genannten Äquivalenten eine Inkonsequenz vor, als die mehrfache Bindung der Kohlenstoffatome durch ein gesondertes Inkrement berücksichtigt wird, dagegen beim Sauerstoff und auch beim Stickstoff die mehrfache Bindung in den Atomäquivalenten berücksichtigt wird.

Wenden wir wir uns nun zu der weiteren Entwickelung der „Spektrochemie", der Lehre von dem Zusammenhang zwischen Lichtbrechungsvermögen und Aufbau der Verbindung. Wie besonders betont sei, sind es die flüssigen oder schmelzflüssigen Verbindungen der organischen Reihen, welche hier ausschließlich in Betracht kommen.

Zunächst ist zu unterscheiden zwischen „optisch-normalen" und „optisch-anomalen" Stoffen. Zur ersteren Gruppe gehört weitaus die Mehrzahl der Verbindungen; ihr Merkmal ist, daß sich bei der Betrachtung der experimentell gewommenen Daten für Molekularrefraktion und -Dispersion keine irgendwie beträchtlichen Einflüsse gegenüber dem additiven Charakter der Methode geltend machen. Daß sich also innerhalb kleiner Fehlergrenzen der Anschluß dieser Werte an die summierten Atom- und Bindungs-Äquivalente zeigt.

Sehr viel komplizierter liegen die Dinge bei der zweiten Gruppe, den optisch-anomalen Verbindungen. Das Studium mehrerer Jahrzehnte war nötig, um hier einigermaßen Klarheit zu schaffen und die hier geltenden Gesetzmäßigkeiten in ihren Grundzügen festzulegen. Andererseits sind es aber gerade diese Fälle, welche für Konstitutionsaufklärungen von Wichtigkeit sind. Hier machen sich die struktuellen Einflüsse geltend,. und zwar treten sie fast stets im Ausdruck der Molekulardispersion deutlicher als in dem der Molekularrefraktion hervor.

Als derartige Haupterscheinungen auf dem Gebiet der optisch-anomalen Fälle wären zu nennen:

b) Konjugation und Exaltation

Die Konjugation, d. h. Nachbarstellung zweier mehrfacher Bindungen (z. B. —C=C—C=C—oder —C=C—C=O) sei es im offenkettenförmigen oder cyclischem System, seien es Äthylen-, Benzoldoppelbindungen u. s. f., rufen eine besondere Erhöhung der Refraktions- und Dispersionswerte in bestimmter Höhe gegenüber den berechneten Werten hervor, die sogenannte „Exaltation."

Treten jedoch Seitenketten (R) in diese Konjugation an zentrale Kohlenstoffatome

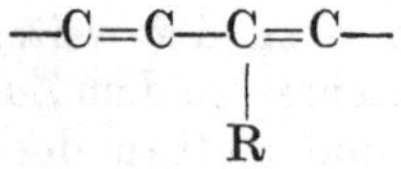

oder auch seitlich an dieses konjugierte System

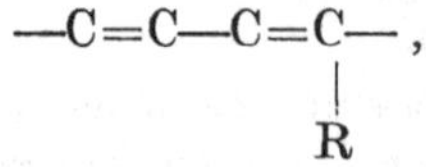

so sinkt der Wert der Exaltation. Ebenso wirken in die Konjugation eingreifende Ringbindungen. Mehrere derartige Substituenten summieren ihre Wirkung derart, daß unter Umständen fast die ganze Exaltation verschwindet; viel weitgehender gilt dies für die Refraktions- als für die Dispersionswerte.

Besonders ist hier die Konjugation zweier Carbonylbindungen zu erwähnen. Im Glyoxal

$$\overset{}{O} = \overset{H}{C} - \overset{H}{C} = O,$$

dem einzigen Vertreter einer derartigen, durch Substituenten nicht „gestörten" Systems, liegt eine deutliche Exaltation vor. Wogegen im Diacetyl $O{=}\underset{H_3C}{\underset{|}{C}}{-}\underset{CH_3}{\underset{|}{C}}{=}O$ eine zweifache Störung vorliegt, mithin die optischen Daten sich angenähert normal verhalten.

Bei weitem nicht ebenso hohe Exaltationen treten auf, wenn die gesamte Konjugation im Ring liegt; So beträgt z. B. in der Verbindung

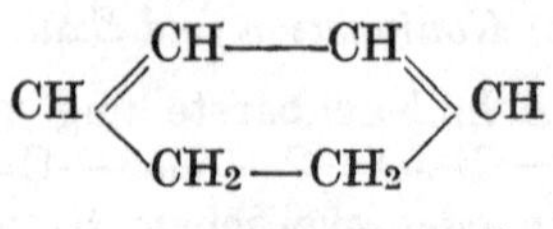

die Exaltation nur etwa ein Drittel dieses Überschusses in einer acyclischen Verbindung.

Isolierte mehrfache Bindungen (z. B. —C=C—C—C=C—) zeigen keine solche Sondererscheinungen. Jede mehrfache Bindung findet mit ihrem Inkrement genügende Berücksichtigung.

c) *Neutral konjugiertes System.* Ein solches liegt im Benzol vor, für das hier die Kekulésche Formulierung maßgebend sein soll. Trotz der drei untereinander konjugierten Äthylenbindungen tritt keine Erhöhung für Refraktion und Disperion auf. Man hat sich vorzustellen, daß durch die symmetrische Struktur des Ringes eine ausgesprochene Gleichgewichtslage entstanden ist. Diese liegt in den Benzolderivaten nicht mehr vor; die Ringsubstituenten stören sie (S. 102).

d) *Kumulierte Doppelbindungen.* Direkt aneinander greifende Äthylenbindungen (—C=C=C—) bedingen keine Exaltation.

e) *Gehäufte und gekreuzte Konjugationen.* Treten mehrere Konjugationen zusammen, so sind zwei streng geschiedene Fälle auseinander zu halten: die „gehäufte“ und die „gekreuzte“ Konjugation.

Im ersteren Falle laufen die mehrfachen Bindungen in einer Reihe fort, z. B. —C=C—C=C—C=C—, und als Ergebnis finden sich außerordentlich hohe Exaltationen. Und zwar würde man für eine Verbindung des genannten Typus nicht den doppelten, sondern etwa den dreifachen Wert der Exaltation zu erwarten haben, der für ein einfach konjugiertes System auftritt.

Auch die Unterschiede im Bau einer solchen fortlaufenden Konjugation machen sich optisch geltend, indem z. B. eine Konjugation aus zwei Äthylen- und einer Carbonylbindung ganz andere Exaltationswerte liefert als die entsprechende Konjugation aus einer Äthylen- und zwei Carbonylbindungen.

Beim Typus der „gekreuzten“ Konjugation greift eine Konjugation störend in die zweite ein, z. B.

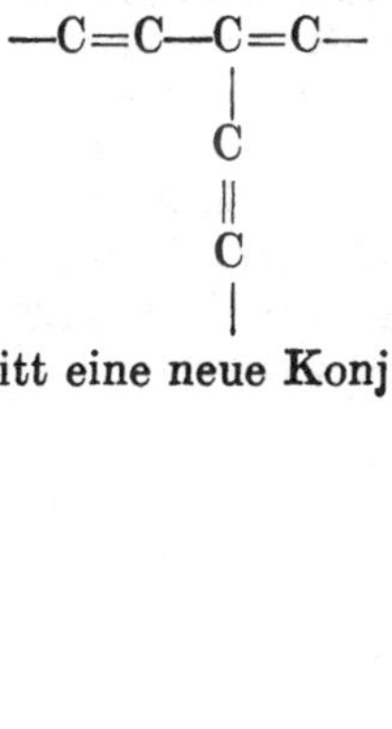

Obwohl durch den Eintritt eine neue Konjugation entstanden ist, macht sich hervorherrschend die Störung der eingetretenen Seitenkette geltend; die Höhe der Exaltation entspricht ungefähr der der einfachen ungestörten Konjugation.

Im einzelnen ist noch zu klären, in wieweit einzelne Atome wie Cl, Br u.s.f. beim Eintritt in ein konjugiertes System eine ähnliche Rolle wie Seitenketten spielen können.

f) Konjugation zwischen Doppelbindung und „ungesättigtem Element." Manche Elemente, vor allem solche, welche in mehreren Wertigkeitsstufen auftreten, scheinen über nicht voll abgesättigte Nebenvalenzen zu verfügen. Diese üben in Nachbarstellung zu einer mehrfachen Bindung eine exaltierende Wirkung aus. Hierher gehören Hydroxyl- und Äthersauerstoff, Stickstoff, Schwefel, die Halogene. Mit am deutlichsten tritt diese Erscheinung in den Säurechloriden hervor, wo die Nachbarschaftsstellung $-C\begin{smallmatrix}\nearrow O \\ \searrow Cl\end{smallmatrix}$::: eine deutliche Exaltation bewirkt.

Derartige Exaltationen weisen meist kleinere Beträge auf.

g) Heterocyclische Systeme. In bestimmten Fällen bewirkt Konjugation in heterocyclischen Verbindungen eine Depression, d. h. die gefundenen Werte lassen einen Minderbetrag gegenüber den berechneten verzeichnen. Vor allem gilt dies für aromatische hetrocyclische Körper mit Konjugation im Ring, z. B. Thiophen, Furan u. s. f.; die Erscheinung tritt aber wohl auch in anderen Verbindungen auf.

h) Ringstruktur. Dreier- u. Viererring. Die Ringstruktur in den häufigst auftretenden cyclischen Gebilden, den Fünf- und Sechsringen bedingt keinen optischen Einfluß. Andere Ringe nehmen demgegenüber eine Sonderstellung ein. Ein Dreierring bedingt einen Sonderwert von $+0{,}7$ Einheiten, ein Viererring von $+0{,}4$ Einheiten für die Molekularrefraktion. Dementsprechend werden für Ringerweiterungen (über den Sechserring hinaus) negative Sonderwerte genannt, z. B. für den Siebenerring $-0{,}10$, Achterring $-0{,}47$, Fünfzehnerring $-0{,}62$. Dagegen scheint die Dispersion hier nicht beeinflußt zu werden.

Eine Sonderstellung nimmt der Dreierring auch in der Hinsicht ein, daß er in konjugierter Stellung zu einer Äthylenbindung eine bedeutende Exaltation hervorruft.

i) Semicyclische Doppelbindung. Eine in einen Ring greifende Doppelbindung wie

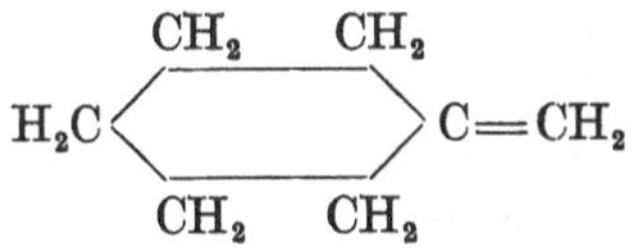

nimmt insoweit eine Sonderstellung ein, als für sie noch ein sogenanntes „Inkrement“ von 0,6 Einheiten zu berücksichtigen, eine solche Äthylenbindung also mit dem Gesamtbetrag von 2,3 Einheiten zu berücksichtigen ist. Eine Erhöhung der Dispersion deutet sich dagegen nur ganz untergeordnet an.

k) Sonderstellung der konjugierten Systeme. Was bedingt diese Sonderstellung der konjugierten Systeme? Daß der Zahlenwert der Molekularrefraktion ein relatives Maß für das vom Mol der Substanz eingenommene Volumen darstellt, wurde, bereits erwähnt. Vergleichen wir demgemäß die Zahlenwerte für entsprechende gesättigte (C_nH_{2n+2}) und doppelt ungesättigte (C_nH_{2n-2}) Verbindungen, letztere mit einem konjugierten System, so finden wir für

	M_α	D		M_α	D
$C_6H_{10}F_2$	30,38	30,64	$C_7H_{12}F_2$	35,33	35,62
C_6H_{14}	29,77	29,90	C_7H_{16}	34,37	34,52
Δ	+ 0,61	+ 0,74	Δ	+ 0,96	+ 1,10

Entsprechend dem vorher Gesagten (die Molekularrefraktion stellt ein relatives Maß für die Raumerfüllung je Mol. dar), bedeutet der Überschuß = „Exaltation“ eine durch die ungehemmte Konjugation verursachte Volumenzunahme. Einer solchen Volumenvergrößerung wirken hemmend entgegen

1. Die Zwangsbedingungen eines Ringes (S. 102)
2. Seitenketten (S. 102)
3. Substituenten (S. 102, 104)

Da im Ausdruck der Molekularrefraktion diese durch einen Molekularanteil hervorgehobene Volumvergrößerung rechnerisch auf das ganze Molekül bezogen wird, müssen diese Differenzen mit steigendem Molekulargewicht wachsen (M_D + 0,74 und 1,10), was man unter Benutzung eines allgemeinen Molekulargewichtes 100 (Σ-Wertes) vermeiden kann (S. 114).

Derartige Volumeneinflüsse sind auch da zu Grunde zu legen, wo die semicyclische Doppelbindung und bestimmte Ringsysteme sich optisch äußern.

Unter Berücksichtigung dieser Gesetzmäßigkeiten, welche freilich zum Teil auch heute noch einer weitergreifenden Untersuchung bedürfen, besitzen wir wenigstens für eine ganze Reihe von Fällen in der Molekularrefraktion und -Dispersion ein scharfes Hilfsmittel, um vielfach feinere Konstitutionsunterschiede zu ermitteln; die gerade da die besten Dienste leisten, wo rein chemische Methoden vorragen. Mit reinem, nicht polymerisierten Material erhält man außerordentlich scharfe Resultate, zumal wenn neben den Refraktionswerten die viel empfindlicheren Dispersionsdaten herangezogen werden. Diese Untersuchungen laufen meist darauf hinaus, daß man im Ausdruck der spezifischen Exaltation (S. 114) den Anschluß an einmal festgelegte „Normalwerte" sucht[1]).

l) Atomrefraktionen.

Außer den im vorliegenden Buch wiedergegebenen Werten einer Neuberechnung dieser Daten aus dem Jahre 1910 sei besonders auf die Zusammenstellungen von solchen Werten in dem Tabellenwert von Landolt-Börnstein-Roth hingewiesen, das demnächst als Werk neu erscheint[2]). Solche Angaben finden sich in dem Hauptwerk, 3. Aufl. (1923) und den Ergänzungsbänden 1—3.

In die Tabellen der Atomrefraktionen wurden grundsätzlich nur solche Äquivalente aufgeführt, bei denen optische Normalität

[1]) Vgl. z. B. Eisenlohr, Spektrochemie organ. Verbindungen, Stuttgart 1912.

[2]) Zahlenwerte und Funktionen aus Physik, Chemie, Astronomie, Geophysik und Technik.

vorliegt, wogegen Konjugationswerte grundsätzlich ausgeschlossen bleiben. Dies ist insbesondere wichtig für die Daten des Stickstoffs, der als ein in mehreren Wertigkeitsstufen auftretendes Element sich in optischer Hinsicht sehr verschieden geltend macht. Schon allein die Tatsache, ob das Stickstoffatom mit einem, zwei oder drei Kohlenwasserstoffresten verbunden ist, bedingt für die primären, sekundären und tertiären (aliphatischen) Amine recht verschiedene Äquivalente. Gegenüber der alten Aufstellungen von Brühl mit 35 verschiedenen Konstanten für Stickstoff kann man sich nach dem Grundsatz, keine variablen Konjugationswerte aufzuführen, damit begnügen, vier Daten für die verschiedenen Stickstoffarten zu geben, je eine Konstante für primären, sekundären und tertiären Amidostickstoff sowie eine für den Nitrilstickstoff, sämtliche Daten in aliphatischen Verbindungen auftretend.

m) Der molekulare Brechungskoeffizient. Bezieht man den Brechungsindex der verschiedenen Verbindungen auf ein und dieselbe Temperatur und vervielfacht ihn mit dem Molekulargewicht, so liegt in dem Ausdruck des molekularen Brechungskoeffizienten $M \cdot n_D^{20}$ eine Größe vor, für die ähnliche additive und konstitutive Einflüsse wie für die Molekularfraktion und -Dispersion festzustellen sind. Dem entsprechend haben Eisenlohr und Wöhlisch (Ber. Dtsch. chem. Ges. 53, 1746; 1920) auch für diese Größen Atomäquivalente aufstellen können, wie diese jüngst durch Vogel, Creswell, Jeffery u. Leicester (Chem. a. Ind. 1951, 376) als Gruppenäquivalente erweitert wurden.

B. Fehlergrenzen

a) *Brechungsindices*

Handelt es sich um farblose Substanzen, so wird sich beim Gebrauch des Pulfrichschen Refraktometers bei zweimaliger Ablesung für den Winkel an Kreisteilung und Nonius leicht eine Genauigkeit von 1—2 Minuten erreichen lassen. Eine solche Differenz ist für die Werte der Molekularrefraktion belanglos, da sich deren Wert im Durchschnitt hierdurch nur um etwa 0,01 bis 0,02 Einheiten ändert.

Gelblich- oder gar Gelbfärbung einer Substanz erschwert ein genaues Ablesen für die H_γ-Linie ungemein, Gelbfärbung auch stark für die H_β-Linie, so daß Schwankungen von 5 Minuten für derartige Ablesungen keine Seltenheit sind. Man ist darauf angewiesen, die Ablesung öfters zu wiederholen, um den Brechungsindex für das Mittel der abgelesenen Winkel aufzustellen.

Im allgemeinen gestattet das Prisma I eine schärfere Ablesung als die anderen Prismen aus stärker brechenden Glassorten.

Aus den Tabellen über den Zusammenhang zwischen abzulesenden Winkel und Brechungindex ist ohne weiteres ersichtlich, daß die Genauigkeit des Instruments am kleinsten ist für solche Winkel, welche um 45° herum liegen. Dort beträgt die Differenz für eine Minute 10 Einheiten der fünften Dezimalstelle für die Prismen I und IV, ca. neun Einheiten für die Prismen II und V, wogegen die entsprechenden Größen z. B. für eine Ablesung von 12° ca. 3—4 Einheiten, für 73° ca. 6 Einheiten der fünften Stelle betragen.

Auf eine größere Genauigkeit als 0,00010 darf man für gewöhnlich nicht rechnen, da die Werte für N, den Brechungsindex des Glases, um diesen Betrag schwanken können. Kommt es wirklich einmal auf die fünfte Dezimale an, so wird man den Apparat mit einer reinen Flüssigkeit von genau bebauten Brechungsindex eichen und aus dem beobachteten Winkel für α die Werte von N berechnen.

Als Eichflüssigkeit seien außerdem aufgeführt

Wasser

	H_α	D	H_β	H_γ
n_{20}	1,33113	1,33298	1,33712	1,34037
Änderung je 1°, um 20° herum	$-78 \cdot 10^{-6}$	$-79 \cdot 10^{-6}$	$-82 \cdot 10^{-6}$	$-84 \cdot 10^{-6}$

Benzol (thiophenfrei, frisch über Natrium rektifiziert)

	H_α	D	H_β	H_γ
n_{20}	1,49602	1,50070	1,51274	1,52297
Änderung je 1°, um 20° herum	$588 \cdot 10^{-6}$	$602 \cdot 10^{-6}$	$613 \cdot 10^{-6}$	$-636 \cdot 10^{-6}$

b) *Spezifisches Gewicht*

Bestimmungen bei Zimmertemperatur oder ihr nahe liegenden Temperaturen werden bei Gebrauch eines genau geeichten und nicht allzu kleinen Pyknometer, vor allem bei Wiederholung der Bestimmung, im ungünstigsten Fall keinen größeren Fehler als 5 Einheiten in der vierten Dezimale enthalten. Im allgemeinen wird hier als Fehlergrenze der Wert von 0.0003 anzugeben sein, eine Kontrollbestimmung allerdings vorausgesetzt. Je größer das Pyknometer, desto größer naturgemäß die Genauigkeit.

Dichtebestimmungen bei höherer Temperatur büßen leicht an Genauigkeit ein; für sie wird etwa eine Fehlergrenze von einer Einheit in der dritten Dezimale einzusetzen sein. Für eine Verbindung vom Molekulargewicht 100 und einer Dichte von 0,8000 bedingt dies eine Änderung der Molekularrefraktion um $\pm 0,03$ Einheiten, also einen immerhin geringfügigen Wert.

c) *Fehlergrenzen für Molekularrefraktion und -Dispersion*

Da für diese Daten allerlei Einflüsse mitsprechen, wie vor allem die Abhängigkeit von der Höhe des Molekulargewichts, kann man hier nur empirische Zahlen als Fehlergrenzen angeben und auch sie nur für Überschüsse bzw. Fehlbeträge der gefundenen Werte gegenüber den berechneten, und zwar am besten berechnet auf ein Molekulargewicht 100, d. h. also für die hundertfachen spezifischen Differenzen.

Reines Material vorausgesetzt, ist als maximale Fehlergrenze für die so berechneten Refraktionen ein Betrag von 0,2 Einheiten anzusehen, wogegen die Dispersion eine Abweichung bis fast 10% des berechneten Wertes aufweisen kann, ohne daß man berechtigt ist, von einer Anomalie zu sprechen[1]).

In weitaus den meisten Fällen wird bei sorgsamen Arbeiten der Fehler nur halb so groß ausfallen.

---

[1]) Da die Absolutwerte der Molekulardispersionen meist recht klein sind, macht sich der geringste Ablesefehler schon prozentual deutlich bemerkbar. Ebenso kann durch das Abrunden der Werte auf zwei Dezimalen eine Differenz von 1—2% entstehen. So erklärt sich die scheinbar große Unsicherheit von 5—10%.

C. Zum Gebrauch der Atomrefraktionen

Kraft des additiven Charakters der Molekularrefraktion und -Dispersion berechnen sich die theoretischen Werte aus den Einzelsummen der das Molekül bildenden Atome nebst dem etwa nötigen Inkrement für Äthylen- und Acetylenbindungen.

Bei optisch normalen Stoffen müssen dann diese theoretischen Werte mit den aus den Daten der Untersuchung nach der Formel $\frac{n^2-1}{n^2+2} \cdot \frac{M}{d}$ gewonnenen Zahlen bis auf geringe Unterschiede der Fehlergrenzen übereinstimmen, und unter Umständen bildet diese Übereinstimmung eine Art von optischer Analyse, auf Grund derer man auf den Reinheitsgrad der untersuchten Verbindung schließen kann. Für gewisse Fälle wird dies aber weniger zutreffen, beispielsweise für ein Gemenge homologer Verbindungen, wo optische und mechanische Dichte, also Indices und spezifisches Gewicht, für die einzelnen Bestandteile nicht sehr verschieden sein werden; dagegen wird das Ergebnis darüber sofort Aufschluß zu geben imstande sein, ob einem Kohlenwasserstoff sauerstoffhaltige Substanz, z. B. Keton oder Alkohol, beigemengt ist, weil hierdurch der Wert für die Dichte besonder stark wächst.

Anders verhalten sich gefundene und theoretische Werte zueinander, wenn ein optisch anomales Gebilde der Untersuchung vorliegt, z. B. ein System mit konjugierten Doppelbindungen. Die gefundenen Werte übersteigen die theoretischen mehr oder minder (Exaltation). In einigen wenigen Fällen trifft das Gegenteil zu, und wir haben es mit einer optischen Depression zu tun.

Näheres über diese Fälle muß dem Studium der Originalliteratur überlassen bleiben, soweit die Einleitung hierüber nicht Auskunft gibt.

Zur Berechnung der Molekularrefraktionen aus den beobachteten Werten für n dient die Tabelle 4, welche für alle Werte von $n = 1{,}3000$ bis $n = 1{,}7199$ die fünfstelligen Werte für

$\log \frac{n^2 - 1}{n^2 + 2}$ enthält. Zur Interpolation für die fünfte Stelle von n dienen die am Rande angegebenen Proportionsteile. Ein Zahlenbeispiel findet sich im Abschnitt V, S. 123.

Berechnung der theoretischen Werte

Die im Anhang gegebenen Tabellen S. 130ff werden die Berechnung der theoretischen Werte weitgehend erleichtern. Neben den Reihen für Kohlenstoff (C bis C_{20}) und Wasserstoff (H_1 bis H_{30}), sowie den kürzeren Reihen für Carbonyl-, Äther-, Hydroxylsauerstoff, Chlor, Brom, Äthylenbindung sind auch die Multipla einiger Gruppenwerte, wie z. B. für $O''O^{<}$ (Sauerstoff der Estergruppe), oder für $O''O'$ (Sauerstoff der Carboxylgruppe), für die Gruppe $(CH_2)n$ und einige andere aufgeführt.

Der Gebrauch dieser Tabellen wird sich am besten an einigen Beispielen erläutern lassen.

Beispiel 1.

Gesucht seien die theoretischen Werte für ein Keton $C_6H_{12}O''$. Man entnimmt die einzelnen Summanten für C_6, H_{12} sowie O'' (Carbonylsauerstoff) den betreffenden Reihen und bildet die Summe:

	M_α	D	M_β	M_γ	$M_\beta - M_\alpha$	$M_\gamma - M_\alpha$
C_6	14,477	14,508	14,625	14,793	0,149	0,338
H_{12}	13,109	13,199	13,384	13,469	0,274	0,347
O''	2,189	2,211	2,247	2,267	0,057	0,078
Theoretischer Wert f. $C_6H_{12}O''$	29,775	29,918	30,256	30,529	0,480	0,763

In dem vorliegenden Falle, bei welchem der Gehalt an Kohlenstoff zu dem an Wasserstoff wie 1 : 2 steht, hätte man bei Benutzung der Werte für $(CH_2)_n$ schneller zum Ziele gelangen können: zum Wert für $(CH_2)_6$ wäre nur der Wert für Carbonylsauerstoff zu addieren gewesen.

In weitaus den meisten Fällen wird man zum Vergleich der gefundenen mit den theoretischen Werten nur die Daten für M_α, D, $M_\beta - M_\alpha$ und $M_\gamma - M_\alpha$ heranziehen. Für den Fall, daß die γ-Linie (violett) nicht abgelesen wurde, begnügt man sich mit der Dispersion $M_\beta - M_\alpha$. Bei Beschränkung auf die oben genannten Reihen stellt sich die Lösung der vorigen Aufgabe folgendermaßen:

	M_α	M_D	$M_\beta - M_\alpha$	$M_\gamma - M_\alpha$
$(CH_2)_6$	27,587	27,707	0,424	0,686
O''	2,189	2,211	0,057	0,078
Theoretischer Wert f. $C_6H_{12}O''$	29,776	29.918	0,481	0,764[1]

Zum Gebrauch werden diese Werte auf zwei Dezimalen gekürzt; mithin

M_α	D	$M_\beta - M_\alpha$	$M_\gamma - M_\alpha$
29,78	29,92	0,48	0,76

Beispiel 2.

Gesucht seien die theoretischen Werte für eine Säure $C_{10}H_{16}O_2F_2$ (Geraniumsäure). Man stellt die Werte für C_{10}, H_{16} sowie zwei Äthylenbindungen zusammen, wozu der Sauerstoff der Carbonylgruppe (ein Carbonyl- und ein Hydroxylsauerstoff) aus der Tabelle entnommen wird:

	M_α	D	$M_\beta - M_\alpha$	$M_\gamma - M_\alpha$
C_{10}	24,129	24,180	0,249	0,564
H_{16}	17,478	17,598	0,365	0,462
$(O''O')$	3,711	3,736	0,063	0,093
F_2	3,371	3,466	0,275	0,401
Theoretischer Theoret. Wert f. $C_{10}H_{16}O''O'F_2$	48,689	48,980	0,952	1,520

Unsere Tabellen lassen diese Zahlen auch auf kürzerem Wege gewinnen, indem man den für die Terpene wichtigen und deshalb aufgeführten Gruppenwert für $C_{10}H_{16}F_2$ benutzt. Es stellt sich die vereinfachte Berechnung so:

[1]) Die Zahlen der Tabelle sind aus den Werten mit 4 Dezimalen errechnet; Schwankungen von 1 bis 2 Einheiten in der dritten Dezimale sind je nach der Berechnungsweise möglich, aber ohne jeden Belang.

	M_α	D	$M_\beta - M_\alpha$	$M_\gamma - M_\alpha$
$C_{10}H_{16}F_2$	44,978	45,244	0,889	1,427
$O''O'$	3,711	3,736	0,063	0,093
Theoret. Wert f. $C_{10}H_{16}O''O'F_2$	48,689	48,980	0,952	1,520

und wieder auf zwei Dezimalen gekürzt:

berechnet für $C_{10}H_{16}O\ O\ F_2$	48,69	48,98	0,95	1,52

Beispiel 3.

Gesucht seien die theoretischen Werte für einen aromatischen Ester (Terephtalsäure-diäthylester) der Zusammensetzung $C_{12}H_{14}O_4F_3$

$$C_6H_4\left\langle\begin{array}{l}CO - OC_2H_5\\ CO - OC_2H_5.\end{array}\right.$$

In diesem Falle kombiniert man zwecks möglichster Vereinfachung die aufgeführten Werte für $C_6H_4F_3$, für C_6H_{10} und für zwei Sauerstoffpaare in zwei Estergruppen $(O''O^<)_2$, wobei der Wert für C_6H_{10} aus $(CH_2)_5 + C$ zusammengesetzt wird.

	M_α	D	$M_\beta - M_\alpha$	$M_\gamma - M_\alpha$
$C_6H_4F_3$	23,904	24,106	0,653	1,054
$(CH_2)_5$	22,989	23,089	0,353	0,572
C	2,413	2,418	0,025	0,056
$(O''O^<)_2$	7,658	7,707	0,138	0,196
Theoret. Wert f. $C_{12}H_{14}O''_2O'_2F_3$	56,964	57,320	1,169	1,878

Die Zerlegung in die Einzelwerte für C_{16}, H_{14}, O''_2, $O_2^<$, F_3 gestaltet sich etwas weitläufiger.

Beispiel 4.

Es seien die theoretischen Werte für eine Verbindung der Konstitution

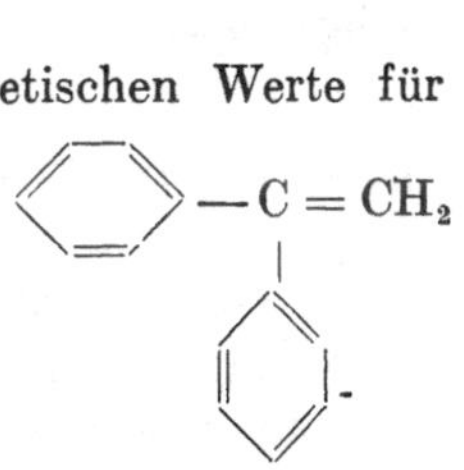

also für ein α-Phenylstyrol der Bruttoformel $C_{14}H_{12}F_7$ gesucht. Unter Berücksichtigung der aufgeführten Gruppenwerte setzt man die gesuchte Summe entweder aus $(C_6H_5F_3)_2$, aus C_2, H_2 und F zusammen oder aus C_{14}, H_{12} und F_7. Im letzten Falle hätte man zusammenzuzählen:

	M_α	D	$M_\beta - M_\alpha$	$M_\gamma - M_\alpha$
C_{14}	33,781	33,852	0,349	0,790
H_{12}	13,109	13,199	0,274	0,347
F_7	11,800	12,130	0,964	1,402
Berechnet für $C_{14}H_{12}F_7$	58,690	59,181	1,587	2,539

Hat man neben dieser Verbindung auch die theoretischen Werte einer höheren oder niederen Homologen aufzustellen, so entnimmt man aus der Tabelle die Werte für $(CH_2)_n$, die je nachdem zuzuzählen oder abzuziehen sind.

Liegt z. B. das α-Phenyl- β-äthylstyrol

$$\begin{array}{l} C_6H_5\text{—}\underset{\displaystyle |\atop \displaystyle C_6H_5}{C}\text{=}CH\text{—}C_2H_5 \;=\; C_{16}H_{16}F_7 \end{array}$$

vor, so hat man zu den gefundenen Werten nur noch den für $(CH_2)_2$ zuzuzählen:

	M_α	M_D	$M_\beta - M_\alpha$	$M_\gamma - M_\alpha$
$C_{14}H_{12}F_7$	58,690	59,181	1,587	2,539
$(CH_2)_2$	9,195	9,236	0,141	0,226
Berechnet für $C_{16}H_{16}F_7$	67,885	68,417	1,728	2,765

Einige Übung im Gebrauch dieser Tabelllen wird rasch den Blick dafür geben, in welch' einzelne Summanden die Bruttoformel am vorteilhaftesten zu zerlegen ist.

D. Exaltation und spezifische Exaltation

In gewissen, in sich begründenden Fällen stimmen die gefundenen und berechneten Werte für Molekularrefraktion und -dispersion nicht überein. Abgesehen von dem bisher ziemlich vereinzelt beobachteten Verhalten heterocyclischer Systeme mit

Konjugation im Ring überragen die gefundenen Werte die berechneten mehr oder minder.

Es gelang die „Exaltationen“ nach der quantitativen Seite hin zur Erörterung von Konstitutionsfragen heranzuziehen. Daß dies nicht ohne weiteres im Ausdruck der Molekularrefraktion möglich war, soll nochmals folgende Erwägung verdeutlichen.

Die Exaltation ist für gewöhnlich bedingt durch eine bestimmte Teilgruppe des Moleküls, in der die konjugierten Doppelbindungen auftreten, also z. B. in einer Verbindung

$$C_2H_5 —CH = CH —CH = CH —C_3H_7 \quad = C_9H_{16}F_2$$

nur im Mittelstück. Je nach dem Bau dieses typischen Stückes fällt die Exaltation für die Verbindung aus. Da im Ausdruck der spezifischen Refraktion $\frac{n^2 - 1}{n + 2} \cdot \frac{1}{d}$ der Zähler gegenüber dem Nenner im Fall des konjugierten Systems begünstigt wird, wächst der Zahlenausdruck um einen bestimmten Mehrwert gegenüber dem Fall, daß isolierte Doppelbindungen vorliegen wie z. B. in einer Verbindung

$$CH_3—CH=CH—CH_2—CH=CH—C_3H_7 \quad = \quad C_9H_{16}F_2.$$

Bei der Berechnung der Molekularrefraktion wird das ganze Molekulargewicht als Faktor eingesetzt, also das gesamte Molekül berücksichtigt, während sich der Mehrbetrag, die Exaltation, nur aus dem Teilstück herleitet.

Die Folge davon ist, daß diese Exaltationen in einer homologen Reihe mit steigendem Molekulargewicht wachsen, und somit ein direkter Vergleich der Höhe von solchen Exaltationswerten nicht möglich wird. Anders gestaltet sich die Sache, wenn man sich von diesem Einfluß des wechselnden Molekulargewichts freimacht, was am besten so geschieht, daß man die Exaltationswerte auf ein Molekulargewicht 100 berechnet, d. h. daß man die gefundenen Exaltationen mit dem Faktor $\frac{100}{MG}$ vervielfacht. Letztere so gewonnenen, direkt vergleichbaren Größen nennen wir die „spezifischen Exaltationen“ ($E\Sigma$-Werte) im Gegensatz zu den „molekularen Exaltationen“ (EM-Werte). Die molekulare und spezifische Exaltation für den Strahl D bezeichnet man entsprechend EM_D und $E\Sigma_D$. Die so eingeführte spezifische Refraktion ist also nichts anderes als der hundertfache Wert der ursprünglichen spezifischen Refraktion, wie sie der Ausdruck $\frac{n^2-1}{n^2+2}\cdot\frac{1}{d}$ darstellt.

Die Überschüsse der Dispersionswerte drückt man zweckmäßig in Prozenten der theoretischen Werte aus. Selbst bei sehr hohen Überschüssen fallen die Angaben für die beiden Dispersionen praktisch gleich hoch aus.

Auch hier wird ein oder das andere Beispiel diese Berechnungsart am besten erläutern, wozu wir jeweils zwei analog gebaute Verbindungen verschieden hohen Molekulargewichts wählen, um den Nachweis zu führen, wie nur der Ausdruck der spezifischen Exaltationen direkt vergleichbare Zahlenwerte liefert[1]). Klar ist ohne weiteres, daß Systeme gleichen Baus auch irgendwie entsprechende Daten liefern müssen.

Beispiel 1.

α-Methylstyrol

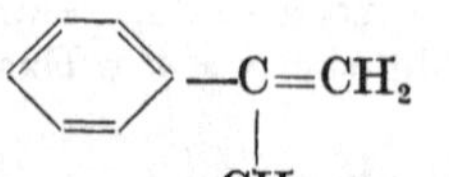

$C_9H_{10}F_4$ · $M.G.$ 118.1,

	$M\alpha$	D	$M_\beta - M_\alpha$	$M_\gamma - M_\alpha$
Gefunden	40,11	40,49	1,31	2,11
Berechnet für $C_9H_{10}F_4$	39,38	39,69	1,00	1,60
EM	+0,73	+0,80	+0,31	+0,51
$E\Sigma$	+0,62	+0,68	+31%	+32%

[1]) Man beachte im Beispiel 1, wie die Dispersionswerte als Prozentangaben die Σ-Werte der Refraktion bestens ergänzen.

α-β-Dimethylstyrol

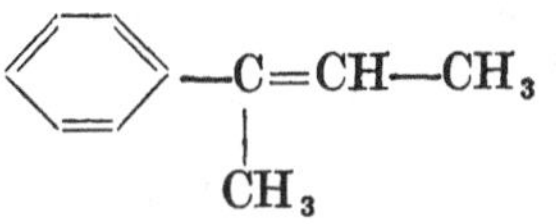

$C_{10}H_{12}F_4$ M.G. 132,1

	$M\alpha$	D	$M_\beta - M\alpha$	$M\gamma - M\alpha$
Gefunden	44,80	45,20	1,38	2,25
Berechnet für $C_{10}H_{12}F_4$	43,98	44,31	1,07	1,71
E M	+0,82	+0,89	+0,31	+0,54
E Σ	+0,62	+0,67	+29%	+32%

Wie ersichtlich fallen für die Molekularrefraktion nur die spezifischen Exaltationen in genau gleicher Höhe aus, trotzdem in diesem Falle die in die Berechnung eingehenden Molekulargewichte (118,1 und 132,1) nur wenig verschieden sind.

Weit deutlicher treten diese Beziehungen bei dem zweiten Beispiel hervor, wo es sich um Verbindungen von beträchtlich verschiedenem Molekulargewicht (104,1 und 236,2) handelt. Dieses Paar ist ebenfalls der Reihe der Styrole entnommen; für die zweite Verbindung stand nur der eine Refraktionswert zur Verfügung.

Beispiel 2.

Styrol

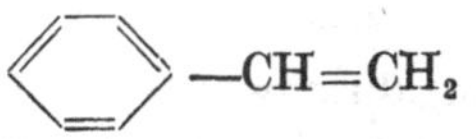

$C_8H_8F_4$ M.G. 104,1

	M_D
Gefunden	36,25
Berechnet für $C_8H_8F_4$	35,08
E M	+1,17
E Σ	+1,12

1,4-Diphenyl-1-äthylbuten-3

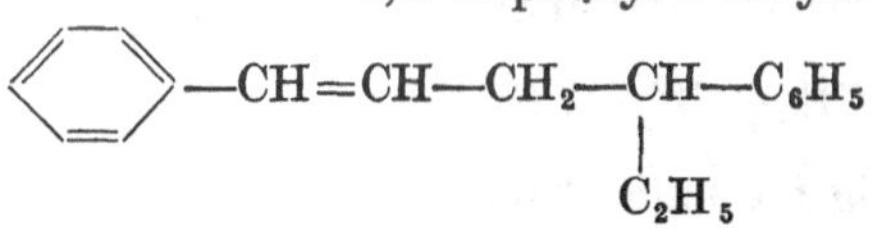

$C_{18}H_{20}F_7$. M.G. 236,2

	D
Gefunden	80,23
Berechnet für $C_{18}H_{20}F_7$	77,65
EM	+2,58
$E\Sigma$	+1,09

Bei diesem zweiten Beispiel läßt ein Vergleich der EM-Werte gar nichts ersehen (1,17 und 2,58). Die maßgebende Höhe der spezifischen Exaltation (1,12 und 1,09) weist ohne weiteres auf den analogen Bau der Moleküle hin.

E) Anwendung der Exaltationen für Konstitutionsbestimmung

Um zu zeigen, wie die derart ermittelten spezifischen Exaltationen ohne weiteres konstitutive Aufschlüsse zu geben vermögen, seien kurz die Daten für Refraktion und Dispersion von drei Paaren isomerer Verbindungen aufgeführt.

1. Eine zur Untersuchung vorliegende acyclische Verbindung der Formel $C_6H_{10}F_2$ lieferte folgende Daten:

	$M\alpha$	D	$M\beta - M\alpha$	$M\gamma - M\alpha$
Gefunden	30,38	30,64	0,99	1,57
Berechnet für $C_6H_{10}F_2$	28,77	28,97	0,65	1,03
EM	+1,61	+0,34	+0,34	+0,54
$E\Sigma$	+1,96	+2,03	+52%	+52%

Die Verbindung weist mithin durchweg sehr beträchtliche Exaltationen auf, die auf ein ungestört konjugiertes System schließen lassen; hiernach kann man ihm ohne weiteres die auch nach Art seiner Synthese wahrscheinliche Form des Hexadiens-2,4

$$CH_3—CH{=}CH—CH{=}CH—CH_3$$

zuschreiben.

Die ihm isomere unkonjugierte Verbindung, das Diallyl

$$CH_2{=}CH—CH_2—CH_2—CH{=}CH_2$$

zeigte dagegen optisch völlig normale Daten:

	$M\alpha$	D	$M\beta - M\alpha$	$M\gamma - M\alpha$
Gefunden	28,80	28,99	0,63	1,00
Berechnet für $C_6H_{10}F_2$	28,77	28,97	0,65	1,03
$E M$	+0,03	+0,02	−0,02	−0,03
$E \Sigma$	+0,04	+0,03	−3 %	−3 %

2. Ein Methyl-1-cyclohexen-1 von der Formel $C_7H_{12}F$

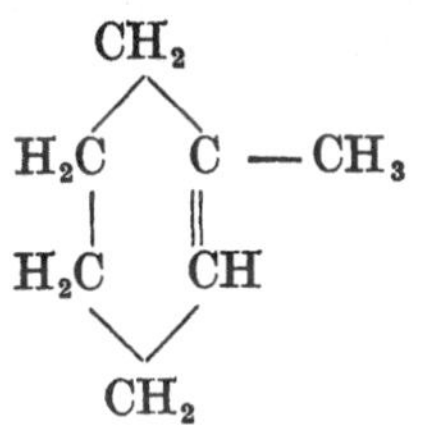

hatte völlig normale Werte geliefert:

	$M\alpha$	M_D	$M\beta - M\alpha$	$M\gamma - M\alpha$
Gefunden	31,67	31,84	0,59	0,94
Berechnet für $C_7H_{12}F$	31,69	31,86	0,59	+94
$E M$	−0,02	−0,02	0 %	0 %
$E \Sigma$	−0,02	−0,02	0 %	0 %

Es wurde versucht, das isomere Methen-cyclohexan (mit semicyclischer Doppelbindung)

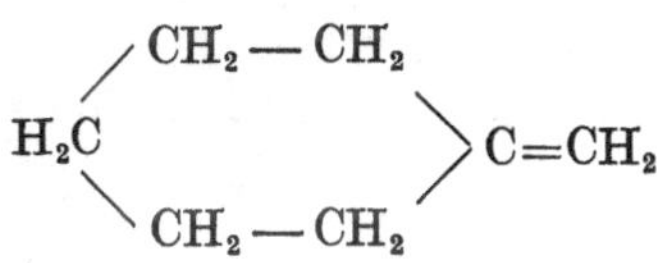

darzustellen. Man mußte sich die Gewißheit verschaffen, daß die Äthylenbindung nicht im Ring liegt. Die optische Untersuchung ergab ohne weiteres den Aufschluß, daß tatsächlich die gewünschte Verbindung in genügender Reinheit vorlag:

	$M\alpha$	M_D	$M\beta - M\alpha$	$M\gamma - M\alpha$
Gefunden	32,11	32,31	0,63	1,00
Berechnet für $C_7H_{12}F$	31,69	31,86	0,59	0,94
EM	+0,42	+0,45	+0,04	+0,06
$E\Sigma$	+0,44	+0,47	+7 %	+6 %

Darauf weisen die Werte für Refraktion und Dispersion.

3. Dieser letzte Fall soll die Möglichkeit streifen, daß aus einem acyclischen ungesättigten Körper durch Ringschluß eine cyclische Verbindung entsteht. Auch hier vermögen uns die optischen Daten ohne weiteres Aufschluß zu geben.

Ein Geraniolen $C_{10}H_{18}F_2$ vom Aufbau,

$$\begin{matrix} H_3C \\ H_3C \end{matrix}\!\!> C = CH - CH_2 - CH = C < \begin{matrix} CH_3 \\ C_2H_5 \end{matrix}$$

ergab die Werte:

	$M\alpha$	M_D	$M\beta - M\alpha$	$M\gamma - M\alpha$
Gefunden	47,00	47,28	0,94	1,49
Berechnet für $C_{10}H_{18}F_2$	47,14	47,44	0,93	1,48
EM	−0,14	−0,16	+0,01	+0,01
$E\Sigma$	−0,10	−0,12	+1 %	+2%

Besonders die beiden Dispersionswerte bestätigen die obige Formulierung. Es handelte sich nun wieder um die Prüfung, wie weit solche Verbindungen gegenüber der Einwirkung von Säuren beständig sind. Wurde die Verbindung mit verdünnter Schwefelsäure erwärmt, so ergaben sich nach Isolation andere Werte:

	$M\alpha$	D	$M\beta - M\alpha$	$M\gamma - M\alpha$
I Berech. f. $C_{10}H_{18}F_2$	47,14	47,44	0,93	1,49
Gefunden	45,36	45,67	0,82	1,31
II Berech. f. $C_{10}H_{18}F$	45,34	45,63	0,80	1,26
für II EM	+0,02	+0,04	+0,02	+0,05
$E\Sigma$	+0,02	+0,03	+3 %	+4 %

Die nebeneinander gestellten Daten zeigen ohne weiteres, daß nunmehr die cyclische Verbindung, das Cyclogeraniolen der Zusammensetzung $C_{10}H_{18}F$

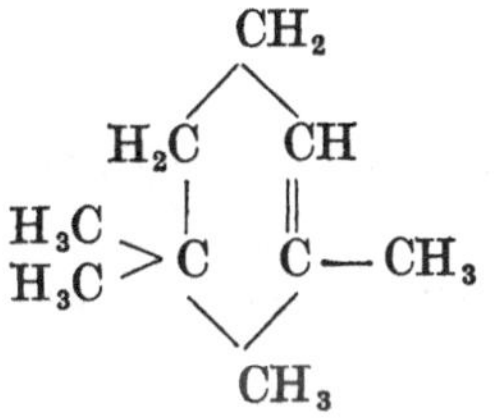

vorliegt und nicht die Ausgangsverbindung.

Da die ringförmige Struktur (Sechserring) kein Inkrement bedingt, macht sich der Übergang einer Äthylenverbindung zum Ringschluß durch deutliche Senkung der Daten sichtbar.

In derartigen, allerdings nicht zu häufig vorkommenden Fällen gibt die einfache Bestimmung der Dichte und der Brechungsindices und ihre Verwertung im Ausdruck der Molekularrefraktion und -Dispersion schneller und sicherer Auskunft als jede chemische Methode.

F) Vollständiges Zahlenbeispiel und einige praktische Regeln

Zur Ergänzung der Ausführungen über Arbeitsweise in den bisherigen Abschnitten sei schließlich die vollständige Untersuchung einer Verbindung an Hand eines Zahlenbeispiels im Zusammenhang geschildert.

Als Substanz soll eine Verbindung vorliegen, die im Molekül außer Kohlenstoff und Wasserstoff Carbonyl- und Hydroxylsauerstoff aufweist sowie zwei Äthylenbindungen, die Diallylessigsäure von der Formulierung

$$\begin{matrix} CH_2 = CH - CH_2 \\ CH_2 = CH - CH_2 \end{matrix} > CH - COOH \quad C_6H_{12}O''O'F_2 \quad \text{M. G. } 140{,}1$$

1) Eichung des Pyknometers

Leergewicht: 2,3794 g, kontrolliert nach durchgeführter Eichung

	I	II	III
Pyknometer + Wasser bei 15,5°	3,5131 g	3,5130 g	3,5131 g
Wasser bei 15,5°		1,1337 g	
Pyknometer + Wasser bei 20,5°	3,5121 g	3,5121 g	
Wasser bei 20,5°		1,1327 g	
Pyknometer + Wasser bei 25,5°	3,5110 g	3,5109 g	3,5109 g
Wasser bei 25,5°		1,1315 g	

Aus den Tabellen S. 85 u. 89 entnimmt man:

	Numerus	log
Dichte des Wassers −0,0012 bei 15,5°	0,99785	0,99907 − 1
20,5°	0,99693	0,99866 − 1
25,5°	0,99574	0,99815 − 1

$$\log \frac{(\text{Spez. Gew. Wasser bei t}^\circ - 0{,}0012)}{\text{g Wasser bei t}^\circ} =$$

	15,5°	20,5°	25,5°
$\log (Q - 0{,}0012)$	0,99907 − 1	0,99866 − 1	0,99815 − 1
$- \log W$	0,05450	0,05411	0,05365
$\log \frac{Q - 0{,}0012}{W}$	0,94457 − 1	0,94455 − 1	0,99450 − 1

(Pyknometerkonstante)

Aus diesen drei Werten stellt man sich durch Interpolation die Eichungstabelle zusammen.

t°	log Pykn.-Konst.	t°	log Pykn.-Konst.
15,5°	0,94457 − 1	21,5°	0,94454 − 1
16,5°	0,94457 − 1	22,5°	0,94453 − 1
17,5°	0,94456 − 1	23,5°	0,94452 − 1
18,5°	0,94456 − 1	24,5°	0,94451 − 1
19,5°	0,94455 − 1	25,5°	0,94450 − 1
20,5°	0,94455 − 1		

2) Dichtebestimmung

Dichte bei 20,8° gemessen

	I	II
Pyknometer + Flüssigkeit	3,4552 g	3,4552 g
Pyknometer	2,3794 g	2,3794 g
Substanz	1,0758 g	1,0758 g

log 1,0758	= 0,03173
log Pykn.-Konstante bei 20,8°	= 0,94455 − 1
Summe	0,97628 − 1

Numerus zu 0,97628 — 1 = 0,9468.

Hierzu ist die mittlere Dichte der Luft 0,0012 zuzuzählen, um die auf Wasser von 4° und den luftleeren Raum bezogene Dichte der Flüssigkeit zu erhalten.

$$0{,}9468 + 0{,}0012 = 0{,}9480 = d\,_{4}^{20.8\,\text{vac}}$$

Bei 21,6°, der Temperatur der optischen Untersuchung ist die Dichte um (21,6— 20,8) · 0,00093 kleiner (S. 95), also

$$0{,}9468 - 0{,}0007 = 0{,}9473 = d\,_{4}^{21.6\,\text{vac.}}$$

3) Optische Untersuchung

Prisma I^C des Pulfrichschen Refraktometers; $t = 21{,}6°$.

	Ablesung an der Scheibe	Ablesung an der Trommel		
C	46° 5′	0° 52,9′	$n\alpha$	1,44774
D	46° 29′	1° 17,2′	n_D	1,45083
F	47° 33′	2° 20,2′	$n\beta$	1,45832
G'	48° 31′	3° 19,1′	$n\gamma$	1,46442

	log Molekulargewicht	2,14644
MG = 140.1	$-\log d$	0,97649 − 1
	$\log \frac{M}{d}$	2,16995

aus den 5-stelligen Logarithmen-Tafeln (im Umschlag) wird entnommen:

	$H\alpha$	D	H_β	$H\gamma$
$\log \frac{n^2-1}{n^2+2}$	0,42744 − 1	0,43002 − 1	0,43261 − 1	0,44113 − 1
$+\log \frac{M}{d}$	2,16995	2,16995	2,16995	2,16995
$\log\left(\frac{n^2-1}{n^2+2}\cdot\frac{M}{d}\right)$	1,59739	1,59997	1,60616	1,61108

	$M\alpha$	M_D	$M\beta$	$M\gamma$	$M_\beta - M\alpha$	$M\gamma - M\alpha$
Gef.	39,59	39,81	40,38	40,84	0,79	1,27
Ber.	39,66	39,84	—	—	0,81	1,30
EM	−0,07	−0,03	—	—	0,02	−0,03
$E\Sigma$	−0,05	−0,02	—	—	3 %	−2 %

Es handelt sich um unwesentliche Abweichungen gegenüber den berechneten Werten. Es liegt somit ein System von isolierten Doppelbindungen vor.

4) Einige allgemeine praktische Winke

Handelt es sich um eine Verbindung, bei der man auf Polymerisation gefaßt sein muß, so wiederholt man die Dichtebestimmung nach einiger Zeit, etwa nach 10 Minuten, 30 Minuten, 1 Stunde. Ist dann keine Zunahme der Dichte zu bemerken, so kann man mit Sicherheit annehmen, daß die Untersuchung des Präparates nicht durch fortschreitende Polymerisation beeinträchtigt worden ist.

Für Verbindungen, welche bei Zimmertemperatur nur im polymeren Zustand vorkommen, besagt diese Untersuchung nichts.

Bei allen irgendwie empfindlichen Stoffen gilt als allererste Regel:

Dichte und Brechungsindices müssen, falls die ermittelten Daten für Molekularrefraktion und -dispersion irgendwelchen Wert haben sollen, unmittelbar nach der Darstellung und Rektifikation bestimmt werden.

Sinken die an dem Pulfrichschen Refraktometer abgelesenen Winkel während der Messung, so weist dies auf stark fortschreitende Oxydation oder auch Polymerisation der Substanz hin.

Die Wahl des Prismas bei dem genannten Instrument, ob also Typus I, II oder III, kann man schon nach der Struktur der Verbindung treffen. Substanzen mit nur ein oder zwei Äthylen- oder Carbonylbindungen brechen und dispergieren — vorausgesetzt, daß sie keine Halogene enthalten — noch nicht so stark, daß man das lichtschwächste Prisma I gegen Prisma II vertauschen müßte. Erst bei Anwesenheit von drei Doppelbindungen im Molekül, zumal bei deren konjugierter Stellung, wählt man ohne weiteres Prisma II. Das lichtschwächste Prisma III wird nur in den seltensten Fällen, bei ganz außerordentlich stark lichtbrechenden und lichtzerstreuenden Substanzen wie Schwefelkohlenstoff, Monobromnaphtalin, Zimtaldehyd, Methylenjodid u. dgl. anzuwenden sein.

G) Anhang

1. Untersuchung gelöster Stoffe

Man hat Lösung und Lösungsmittel zur vergleichen und wird am besten zu diesem Zweck ein Differenzprisma oder eine Differenzmethode benutzen, wie diese beschrieben sind. Je nach der Größe des erwarteten Unterschiedes muß man die geeignete Vorrichtung wählen.

Zur Berechnung der Refraktion der gelösten Verbindung verwendet man einen Ausdruck, welcher auf der sog. „Mischungsregel" beruht, d. h. der Annahme, daß sich die Eigenschaften von Gelöstem und Lösungsmittel einfach „superponieren".

Diese einfachste Annahme ist tatsächlich so gut wie nie streng erfüllt, da Lösungen gewöhnlich nicht einfache „Gemische" sind, vielmehr beeinflussen die beiden Komponenten dieses Gemisches einander: Dissoziation, Hydratation (Solvation), Umlagerung des gelösten Stoffes, Aufspaltung von Doppelmolekülen des Lösungsmittels u.s.f. können den Vorgang komplizieren. Die an Lösungen erhaltenen Ergebnisse sind daher nur ausnahmsweise befriedigend und eindeutig gewesen. Außerdem fällt die Genauigkeit der Ergebnisse erheblich geringer aus, als sie bei der Untersuchung von einheitlichen Flüssigkeiten zu erzielen ist.

Bemerkenswert ist die Tatsache, daß anscheinend für Gemische der Dale-Gladstonsche Ausdruck für die Lösungen vielfach bessere Ergebnisse liefert als der von Lorentz-Lorenz, unbeschadet dessen theoretischen Hintergründe.

Wird die Dichte des Gemisches (Lösung) mit d, sein Brechungsindex mit n bezeichnet, die entsprechenden Daten für Lösungsmittel und gelöste Substanz mit d_1 und d_2 resp. n_1 und n_2, und enthält das Gemisch (Lösung) p Gewichtsprozente des ersteren Lösungsmittel, damit $100-p$ des gelösten Anteils, so gilt — strenge Additivität vorausgesetzt — für die spezifische Refraktion des Gemisches (Lösung) die Gleichung:

$$\frac{n-1}{d} = \frac{n_1-1}{d_1}\,\frac{p}{100} + \frac{n_2-1}{d_2} \cdot \frac{100-p}{100}$$

$$\frac{n^2-1}{n^2+2} \cdot \frac{1}{d} = \cdot \frac{n_1^2-1}{n_1^2+2} \cdot \frac{1}{d_1} \cdot \frac{p}{100} + \frac{n_2^2-1}{n_2^2+2} \cdot \frac{1}{d_2} \cdot \frac{100-p}{100}$$

Da die Daten für das Gemisch und die eine Komponente (Lösungsmittel) bekannt sind, läßt sich für die zweite die spezifische und damit die molekulare Refraktion errechnen. Ist in einem Gemisch die eine Substanz in geringerer Konzentration vorhanden, so pflegt man sie als den gelösten Körper zu bezeichnen, die andere, im Überschuß vorhandene, als das Lösungsmittel. Wobei aber auch noch der endgültige Aggregatzustand als entscheidend in Betracht gezogen wird.

Das Lösungsmittel füllt man in die zweite Abteilung des Differenzprismas oder der sonst gewählten Vorrichtung (Hallwachs-Trog, Prisma IV von Zeiss, Doppelprismenrefraktometer). Die Molekularrefraktion des gelösten Anteils ist nach obigem gleich

$$\left[\frac{n-1}{d} \cdot \frac{100}{p} - \frac{n_2-1}{d_2}\,\frac{100-p}{100}\right] \cdot M$$

oder

$$\left[\frac{n^2-1}{n^2+2} \cdot \frac{1}{\mathrm{d}} \cdot \frac{100}{p} - \frac{n_2^2-1}{n_2^2+2} \cdot \frac{1}{d_2} \cdot \frac{100-p}{100}\right] \cdot M$$

Brechungsindices und Dichte des reinen Lösungsmittels (n_2 und d_2) müssen ebenso genau bekannt sein wie die entsprechenden Daten der Lösung (n und d). Handelt es sich um Wasser, so wird man für es die Werte aus einem zuverlässigen Tabellenwert (wie Landolt-Börnstein-Roth) entnehmen und den Brechungsindex der Lösung n in der Weise ableiten, daß man die leicht mit genügender Genauigkeit bestimmte Differenz von n und n_2 zu dem aus der Tabelle entnommenen Wert für n zuzählt. Ist der Brechungsindex des Lösungsmittels nicht so genau bekannt, so muß man n und n_2 mit dem gleichen Prisma bestimmen.

Will man die spezifische oder molekulare Refraktion des gelösten Stoffes mit seinen Konstanten in reinem Zustand vergleichen, so muß man selbstverständlich denselben Ausdruck anwenden wie bei der Lösung, also im ersten Fall auch die Molekularrefraktion nach der Formel $\frac{n-1}{d} \cdot M$ errechnen.

Bei der Kompliziertheit des Lösungsvorganges und der verminderten Genauigkeit des aus der Lösung gewonnenen Wertes, zumal dann, wenn es sich um kleine Differenzen der Daten für Lösung und Lösungsmittel handelt, sei man bei Vergleichen mit den Schlußfolgerungen vorsichtig.

2. Untersuchung fester Stoffe

Liegt in dem zu untersuchenden Stoff ein Glas (unterkühlte Schmelze) vor oder gehört er als Kristall dem regulären System an, und steht ferner ein nicht allzu kleines Stück zur Verfügung, so versieht man den Körper mit zwei nahezu senkrechten Flächen, poliert die eine plan und setzt sie — nach Entfernung des Trogs — auf die horizontale Fläche des Refraktometerprismas. Zwischen Prisma und Schliffläche bringt man einen Tropfen einer stark lichtbrechenden Flüssigkeit wie Monobromnaphtalin oder Methylenjodid. Alsdann beobachtet und berechnet man genau wie bei der Untersuchung von Flüssigkeiten. Es kann der zu untersuchende Körper auch ein dünnes Plättchen sein; die alleinige

Bedingung ist, daß diejenige Kante unbeschädigt geblieben ist, an der das Licht austritt.

Liegt die zu untersuchende Substanz in Pulverform vor, so arbeitet man nach der Methode von Le Blanc, welche einen Gedankengang von C. Christiansen ausbaute. Sie beruht darauf, daß man die feste Substanz in eine Flüssigkeit (Flüssigkeitsgemisch) von genau gleichem Brechungsindex einbettet, wie ihn der Kristall zeigt, und dann einfach den Brechungsindex der abgegossenen Flüssigkeit bestimmt. Ist der feste Stoff isotrop (amorph oder regulär kristallisierend), so wirkt das System trotz mechanischer Inhomogenität als optisch homogener Körper[1]).

Die Voraussetzung der Methode ist das Vorhandensein zweier unbegrenzt mischbarer, verschieden brechender Flüssigkeiten, deren eine stärker, die andere schwächer bricht als der zu untersuchende Stoff. Selbstverständlich dürfen die Flüssigkeit diesen Stoff nicht lösen.

Als Beispiel sei der Kalialaun genannt. Im Trog des Refraktometers befinde sich Benzol. Man stelle bei Beleuchtung mit Natriumlicht ((monochromatisch) auf die Grenze hell—dunkel ein. Bringt man eine oder einige Messerspitzen gepulverten Alaun in die Flüssigkeit, so wird die Grenze völlig unscharf. Vorsichtiges Zutropfen von Chloroform aus einem Tropftrichter mit kapillar ausgezogenem Rohr verschiebt die Grenze und läßt sie wieder scharf erscheinen. Erscheint sie so scharf wie bei der Untersuchung der reinen Flüssigkeit, so liest man ab. Alsdann zeigt der Kristall das gleiche Brechungsvermögen wie die Mischung, deren Brechungsindex man in der Tabelle nach dem abgelesenen Wert für α aufschlägt. Will man auch die Dispersion des Kristalls

---

[1]) Dies mag ein einfacher Versuch veranschaulichen: Taucht man einen Stab aus gewöhnlichem Thüringer Glas in Benzol, so sieht man bei Beleuchtung mit dem gelben Natriumlicht (monochromatisch), kaum eine Andeutung der Grenze zwischen Glasstab und Flüssigkeit, die beide fast genau den gleichen Brechungsindex aufweisen. Bei Tageslicht tritt die Abgrenzung durch Farbbänder hervor, weil die Dispersion für Glas und Benzol verschieden ist. Löst man nun etwas Naphtalin im Benzol auf, vergrößert also dessen Brechungsindex, so ist nun auch bei Beleuchtung mit Natriumlicht der Glasstab in der Flüssigkeit deutlich zu sehen.

bestimmen, so muß man für jede Lichtart das Ausprobieren der Mischung wiederholen.

In der Arbeit von Le Blanc (Z. physik. Chem. **10**, 433; 1892) findet man die Erscheinungen beschrieben, an denen man erkennt, ob Flüssigkeit oder Kristall das Licht stärker brechen.

Bei stärker brechenden festen Stoffen geht man vom Monobromnaphtalin aus, dem man Aceton, Äthylalkohol oder dergleichen zutropft. Es bewährt sich, möglichst langsam verdunstende Flüssigkeiten zu wählen. Je näher die Brechungsindices der beiden Flüssigkeiten zu einander liegen — sie grenzen dabei den Index des festen Stoffes ein — desto einfacher gestaltet sich das Arbeiten.

Die Methode entspricht der „Schwebemethode" bei der Bestimmung des spezifischen Gewichtes fester Stoffe.

Man kann nach dieser Methode auch den Brechungsindex für den ordinären Strahl optisch einachsiger Stoffe bestimmen.

Wegen der vollständigen Untersuchung optisch ein- oder mehrachsiger Kristalle sei auf die „Einführung in die Kristalloptik" von E. Buchwald, 4. Aufl. mit 121 Fig. (1952) der Sammlung Göschen verwiesen.

Tabelle 1

Einige Multipla der Atomgewichte, soweit diese für Refraktions- und -Dispersionsbestimmung von Wichtigkeit sind, und wie sie für die Ableitung der Äquivalente benützt wurden.

	1	2	3	4	5	6	7	8	9	10	11	12	13	14	15
C	12,00	24,00	36,00	48,00	60,00	72,00	84,00	96,00	108,00	120,00	132,00	144,00	156,00	168,00	180,00
H	1,01	2,02	3,02	4,03	5,04	6,05	7,06	8,06	9,07	10,08	11,09	12,10	13,10	14,11	15,12
O	16,00	32,00	48,00	64,00	80,00	96,00	—	—	—	—	—	—	—	—	—
N	14,01	28,02	42,02	56,03	70,04	84,05	—	—	—	—	—	—	—	—	—
Cl	35,46	70,92	106,38	141,84	177,33	212,74	—	—	—	—	—	—	—	—	—
Br	79,92	159,84	239,76	319,67	399,58	479,50	—	—	—	—	—	—	—	—	—
J	126,92	253,84	380,76	507,68	—	—	—	—	—	—	—	—	—	—	—

	16	17	18	19	20	21	22	23	24	25	26	27	28	29	30
C	192,00	204,50	216,00	228,00	240,00	—	—	—	—	—	—	—	—	—	—
H	16,13	17,14	18,14	19,15	20,16	21,17	22,18	23,19	24,19	25,20	26,21	27,22	28,22	29,23	30,24

Tabelle 2

Atomrefraktionen und Dispersionen

		$H\alpha$	D	$H\beta$	$H\gamma$	$H\beta-H\alpha$	$H\gamma-H\alpha$
Methylengruppe ...	CH_2	4,598	4,618	4,668	4,710	0,071	0,113
Kohlenstoff	C	2,413	2,418	2,438	2,466	0,025	0,056
Wasserstoff	H	1,092	1,100	1,115	1,122	0,023	0,029
Carbonylsauerstoff .	O''	2,189	2,211	2,247	2,267	0,057	0,078
Äthersauerstoff	$O^{<}$	1,639	1,643	1,649	1,662	0,012	0,019
Hydroxylsauerstoff	O'	1,522	1,525	1,531	1,541	0,006	0,015
Chlor	Cl	5,933	5,967	6,043	6,101	0,107	0,168
Brom	Br	8,803	8,865	8,999	9,152	0,211	0,340
Jod	J	13,757	13,900	14,224	14,521	0,482	0,775
Äthylenbindung ...	|=	1,686	1,733	1,824	1,893	0,138	0,200
Acetylenbindung ..	|≡	2,328	2,398	2,506	2,538	0,139	0,171
Stickstoff in prim. aliphat. Amin ...	N-c	2,309	2,322	2,368	2,397	0,059	0,086
Sek. aliphat. Amin .	$N-c_2$	2,475	2,499	2,561	2,603	0,086	0,119
Tert. aliphat. Amin	$N-c_3$	2,807	2,840	2,940	3,000	0,133	0,186
Aliphat. Nitrilen ...	N≡c	3,102	3,118	3,151	3,173	0,052	0,060

Tabelle 3

Einige Multipla der wichtigsten Atomrefraktions- und Dispersions-Werte

Kohlenstoff C_1—C_{20}

	$H\alpha$	D	$H\beta$	$H\gamma$	$H\beta-H\alpha$	$H\gamma-H\alpha$
C_1	2,413	2,418	2,438	2,466	0;025	0,056
C_2	2,826	4,836	4,875	4,931	0,050	0,113
C_3	7,239	7,254	7,313	7,397	0,075	0,169
C_4	9,652	9,672	9,750	9,862	0,100	0,226
C_5	12,065	12,090	12,188	12,328	0.125	0,282
C_6	14,477	14,508	14,625	14,793	0,149	0,338
C_7	16,890	16,926	17,063	17,259	0,174	0,395
C_8	19,303	19,344	19,500	19,724	0,199	0,451
C_9	21,716	21,762	21,938	22,190	0,224	0,508
C_{10}	24.129	24,180	24,375	24,655	0,249	0,564
C_{11}	26,542	26,598	26,813	27,121	0,274	0,620
C_{12}	28,955	29,016	29,250	29,586	0,299	0,672
C_{13}	31,368	31,434	31,686	32,052	0,324	0,733
C_{14}	33,781	33,852	34,125	34,517	0,349	0,790
C_{15}	36,194	36,270	36,563	36,983	0,374	0,846
C_{16}	38,606	38,688	39,000	39,448	0,398	0,902
C_{17}	41,019	41,106	41,438	41,914	0,423	0,959
C_{18}	43,432	43,524	43,875	44,379	0,448	1,015
C_{19}	45,845	45,942	46,313	46,845	0,473	1,072
C_{20}	48,258	48,360	48.750	49,310	0,498	1,128

	$H\alpha$	D	$H\beta$	$H\gamma$	$H\beta-H\alpha$	$H\gamma-H\alpha$
			Wasserstoff (H_1-H_{30})			
H_1	1,092	1,100	1,115	1,122	0,023	0,029
H_2	2,185	2,200	2,231	2,245	0,046	0,057
H_3	3,277	3,300	3,346	3,367	0,068	0,086
H_4	4,370	4,400	4,461	4,489	0,091	0,114
H_5	5,462	5,500	5,577	5,612	0,114	0,145
H_6	6,554	6,599	6,692	6,734	0,137	0,170
H_7	7,647	7,699	7,807	7,857	0,160	0,202
H_8	8,739	8,799	8,922	8,979	0,182	0,231
H_9	9,832	9,899	10,038	10,102	0,205	0,260
H_{10}	10.924	10,999	11.153	11,224	0,228	0,289
H_{11}	12,016	12,099	12,268	12,346	0,251	0,318
H_{12}	13,109	13,199	13,384	13,469	0,274	0,347
H_{13}	14,201	14,299	14,499	14,591	0,296	0,376
H_{14}	15,294	15,399	15,614	15,713	0,319	0,405
H_{15}	16.386	16,499	16,730	16.836	0,342	0,434
H_{16}	17,478	17,598	17,845	17,958	0,365	0,462
H_{17}	18,571	18,698	18,960	19,081	0,388	0,491
H_{18}	19,663	19,798	20,075	20,203	0,410	0,520
H_{19}	20,755	20,898	21,191	21,326	0,433	0,549
H_{20}	21,848	21,998	22,306	22,448	0,456	0,578
H_{21}	22,940	23,098	23,421	23,570	0,479	0,607
H_{22}	24,034	24,198	24,537	24,693	0,502	0,636
H_{23}	25,126	25,298	25,652	25,815	0,524	0,665
H_{24}	26,218	26,398	26,767	26,938	0,547	0,694
H_{25}	27,310	27,498	27,883	28,060	0,570	0,723
H_{26}	28,402	28,597	28,998	29,182	0,593	0,751
H_{27}	29,495	29,697	30,113	30,305	0,616	0,780
H_{28}	30,587	30,797	31,228	31,427	0,638	0,809
H_{29}	31,680	31,897	32,344	32,550	0,661	0,838
H_{30}	32,772	32,997	33,459	33,672	0,684	0,867
			Carbonyl-Sauerstoff			
O_1''	2,189	2,211	2,247	2,267	0,057	0,078
O_2''	4,379	4,422	4,494	4,535	0,113	0,157
O_3''	6,568	6,633	6,741	6,802	0,170	0,236
O_4''	8,758	8,844	8,988	9,069	0,226	0,314
O_5''	10,947	11,055	11,235	11,337	0,283	0,392

	$H\alpha$	D	$H\beta$	$H\gamma$	$H\beta - H\alpha$	$H\gamma - H\alpha$
			Äther-Sauerstoff			
$O_1^{<}X$	1,639	1,643	1,649	1,662	0,012	0,019
$O_2^{<}X$	3,279	3,285	3,297	3,324	0,025	0,039
$O_3^{<}X$	4,918	4,928	4,946	4,987	0,037	0,058
$O_4^{<}X$	6,558	6,571	6,594	6,649	0,049	0,078
$O_5^{<}X$	8,197	8,214	8,243	8,311	0,062	0,097
			Hydroxyl-Sauerstoff			
$O_1^{\cdot}$	1,522	1,525	1,531	1,541	0,006	0,015
$O_2^{\cdot}$	3,044	3.049	3,063	3,082	0,013	0,030
$O_3^{\cdot}$	4,566	4,574	4,594	4,623	0,019	0,044
$O_4^{\cdot}$	6,088	6,098	6,125	6,164	0,026	0,059
$O_5^{\cdot}$	7,610	7,623	7,657	7,705	0,032	0,074
			Sauerstoff der Estergruppe			
$(O''O^{<})_1$	3,829	3,854	3,896	3,930	0,069	0,098
$(O''O^{<})_2$	7,658	7,707	7,791	7,859	0,138	0,196
$(O''O^{<})_3$	11,486	11,561	11,687	11,789	0,207	0,293
$(O''O^{<})_4$	15,315	15,415	15,582	15,718	0,276	0,391
			Sauerstoff der Carboxylgruppe			
$(O''O^{\cdot})_1$	3,711	3,736	3,778	3,808	0,063	0,093
$(O''O^{\cdot})_2$	7,423	7,471	7,557	7,616	0,126	0,186
$(O''O^{\cdot})_3$	11,134	11,207	11,335	11,425	0,189	0,280
$(O''O^{\cdot})_4$	14,846	14,942	15,113	15,233	0,252	0,373
			Chlor			
Cl_1	5,933	5,967	6,043	6,101	0,107	0,168
Cl_2	11,867	11,935	12,085	12,202	0,214	0,336
Cl_3	17,800	17,902	18,128	18,302	0,322	0,504
Cl_4	23,733	23,869	24,170	24,403	0,429	0,672
			Brom			
Br_1	8,803	8,865	8,999	9,152	0,211	0,340
Br_2	17,605	17,730	17,998	18,304	0,422	0,680
Br_3	26,408	26,595	26,997	27,456	0,633	1,020

	$H\alpha$	D	$H\beta$	$H\gamma$	$H\beta-H\alpha$	$H\gamma-H\alpha$
			Äthylenbindung			
F_1	1,686	1,733	1,824	1,893	0,138	0,200
F_2	3,371	3,466	3,647	3,787	0,275	0,401
F_3	5,057	5,199	5,471	5,680	0,413	0,601
F_4	6,743	6,932	7,294	7,574	0,551	0,801
F_5	8,429	8,665	9,118	9,467	0,689	1,002
F_6	10,114	10,397	10,941	11,360	0,826	1,202
F_7	11,800	12,130	12,765	13,254	0,964	1,402
F_8	13,486	13,863	14,588	15,147	1,138	1,602
			Gruppenwerte			
CH_2	4,598	4,618	4,668	4,710	0,071	0,113
$(CH_2)_2$	9,195	9,236	9,336	9,420	0,141	0,226
$(CH_2)_3$	13,793	13,853	14,004	14,131	0,212	0,340
$(CH_2)_4$	18,391	18,471	18,672	18,841	0,282	0,453
$(CH_2)_5$	22,989	23,089	23,341	23,551	0,353	0,566
$(CH_2)_6$	27,587	27,707	28,009	28.261	0,424	0,679
CH_3	5,690	5,718	5,784	5,833	0,093	0,142
C_2H_5	10,288	10,336	10,452	10,543	0,164	0,255
C_3H_7	14,886	14,953	15,120	15,253	0,234	0,369
C_4H_9	19,483	19,571	19,788	19,963	0,305	0,482
C_5H_{11}	24,081	24,198	24,456	24,673	0,375	0,599
$C_6H_4F_3$	24,996	25,206	25,673	26,085	0,676	1,084
$C_6H_5F_3$	23,904	24,106	24,558	24,963	0,653	1,054
$C_6H_3F_3$	22,881	23,007	23,442	23,840	0,630	1,025
$C_6H_2F_4$	21,719	21,907	22,327	22,718	0,607	0.996
$(C_6H_5F_3)_2$	49,992	50,412	51,436	52,170	1.352	2,168
$C_{10}H_{16}F_2$	44,978	45,244	45,867	46,400	0,889	1,427
H_2 minus Äthylenbindung	0,499	0,467	0,407	0,352	−0,092	−0,143

Temperaturkorrektionen für Prisma III, pro Grad; Multipla in Einheiten der fünften Dezimale von n;

zuzuzählen, wenn die Meßtemperatur über 20° liegt,
abzuziehen, „ „ „ unter 20° „

Celsius-grade	n	C	D	F	G′
1°	*1,65*	*1,18*	*1,40*	—	—
2		2,37	2,80	—	—
3		3,55	4,19	—	—
4		4,73	5,59	—	—
5		5,92	6,99	—	—
6		7,10	8,39	—	—
7		8,28	9,79	—	—
8		9,46	11,18	—	—
9		10,65	12,58	—	—
10		11,83	13,98	—	—
1°	*1,70*	*1,15*	*1,36*	*1,95*	*2,61*
2		2,30	2,71	3,90	5,22
3		3,44	4,07	5,85	7,84
4		4,59	5,43	7,80	10,45
5		5,74	6,79	9,75	13,06
6		6,89	8,14	11,69	15,67
7		8,04	9,50	13,64	18,28
8		9,18	10,86	15,59	20,90
9		10,33	12,21	17,54	23,51
10		11,48	13,57	19,49	26,12
1°	*1,75*	*1,12*	*1,32*	*1,89*	*2,54*
2		2,23	2,64	3,79	5,07
3		3,35	3,95	5,68	7,61
4		4,46	5,27	7,57	10,15
5		5,58	6,59	9,47	12,69
6		6,69	7,91	11,36	15,22
7		7,81	9,23	13,25	17,76
8		8,92	10,54	15,14	20,30
9		10,04	11,86	17,04	23,83
10		11,15	13,18	18,93	25,37

Celsius-grade	n	C	D	F	G′
1°	*1,80*	*1,08*	*1,28*	*1,84*	*2,47*
2		2,17	2,56	3,68	4,93
3		3,25	3,85	5,52	7,40
4		4,34	5,13	7,36	9,87
5		5,42	6,41	9,21	12,34
6		6,50	7,69	11,05	14,80
7		7,59	8,97	12,89	17,27
8		8,67	10,26	14,73	19,74
9		9,76	11,54	16,57	22,20
10		10,84	12,82	18,41	24,67
1°	*1,85*	*1,06*	*1,25*	*1,79*	*2,40*
2		2,11	2,49	3,58	4,80
3		3,17	3,74	5,37	7,20
4		4,22	4,99	7,16	9,60
5		5,28	6,24	8,96	12,00
6		6,33	7,48	10,75	14,40
7		7,39	8,73	12,54	16,80
8		8,44	9,98	14,33	19,20
9		9,50	11,22	16,12	21,60
10		10,55	12,48	17,91	24,00
1°	*1,90*	*1,03*	*1,21*	*1,74*	*2,34*
2		2,05	2,43	3,49	4,67
3		3,09	3,64	5,23	7,01
4		4,11	4,86	6,98	9,35
5		5.14	6,07	8,72	11,67
6		6,16	7,28	10,46	14,02
7		7,19	8,50	12,21	16,36
8		8,22	9,71	13,95	18,70
9		9,24	10,93	15,70	21,03
10		10,27	12,14	17,44	23,37

Temperaturkorrektionen für Prisma II

Celsius-grade	n	C	D	F	G′
1°	*1,45*	*0,84*	*0,94*	—	—
2		1,68	1,88	—	—
3		2,52	2,82	—	—
4		3,36	3,76	—	—
5		4,20	4,70	—	—
6		5,04	5,64	—	—
7		5,88	6,58	—	—
8		6,72	7,52	—	—
9		7,56	8,46	—	—
10		8,40	9,40	—	—
1°	*1,50*	*0,81*	*0,91*	*1,24*	*1,56*
2		1,62	1,82	2,47	3,12
3		2,44	2,73	3,71	4,67
4		3,25	3,64	4,95	6,23
5		4,06	4,55	6,19	7,79
6		4,87	5,45	7,42	9,35
7		5,68	6,36	8,66	10,91
8		6,50	7,27	9,90	12,46
9		7,31	8,18	11,13	14,02
10		8,12	9,09	12,37	15,58
1°	*1,55*	*0,79*	*0,88*	*1,20*	*1,51*
2		1,57	1,76	2,39	3,01
3		2,36	2,64	3,59	4,52
4		3,14	3,52	4,79	6,03
5		3,93	4,40	5,99	7,54
6		4,72	5,27	7,18	9,04
7		5,50	6,15	8,48	10,55
8		6,29	7,03	9,57	12,06
9		7,07	7,91	10,77	13,56
10		7,86	8,79	11,97	15,07
1°	*1,60*	*0,76*	*0,85*	*1,16*	*1,46*
2		1,52	1,70	2,32	2,92
3		2,28	2,56	3,48	4,38
4		3,04	3,41	4,64	5,84
5		3,81	4,26	5,80	7,30
6		4,57	5,11	6,95	8,76
7		5,23	5,96	8,11	10,22
8		6,09	6,82	9,27	11,68
9		6,85	7,67	10,43	13,14
10		7,61	8,52	11,59	14,60

Celsius-grade	n	C	D	F	G′
1°	*1,65*	*0,74*	*0,83*	*1,12*	*1,42*
2		1,48	1,65	2,25	2,83
3		2,21	2,48	3,37	4,25
4		2,95	3,30	4,50	5,66
5		3,69	4,13	5,62	7,08
6		4,43	4,96	6,74	8,50
7		5,17	5,78	7,87	9,91
8		5,90	6,61	8,99	11,33
9		6,64	7,43	10,12	12,74
10		7,38	8,26	11,24	14,16
1°	*1,70*	*0,72*	*0,80*	*1,09*	*1,37*
2		1,43	1,60	2,18	2,75
3		2,15	2,41	3,27	4,12
4		2,86	3,21	4,36	5,50
5		3,58	4,01	5,46	6,87
6		4,30	4,81	6,55	8,24
7		5,01	5,61	7,64	9,62
8		5,73	6,42	8,73	10,99
9		6,44	7,22	9,82	12,37
10		7,16	8,02	10,91	13,74
1°	*1,75*	*0,70*	*0,78*	*1,06*	*1,34*
2		1,39	1,56	2,12	2,67
3		2,09	2,34	3,18	4,01
4		2,78	3,12	4,24	5,34
5		3,48	3,90	5,30	6,68
6		4,18	4,67	6,36	8,01
7		4,87	5,45	7,42	9,35
8		5,57	6,23	8,48	10,68
9		6,26	7,03	9,54	12,02
10		6,96	7,79	10,60	13,35

Temperaturkorrektionen für Prisma I

Celsius-grade	*n*	*C*	*D*	*F*	*G'*	Celsius-grade	*n*	*C*	*D*	*F*	*G'*
1°	*1,30*	*0,30*	*0,35*	*0,49*	—	*1°*	*1,50*	*0,26*	*0,30*	*0,43*	*0,55*
2		0,60	0,70	0,98	—	2		0,52	0,60	0,85	1,10
3		0,89	1,05	1,47	—	3		0,78	0,91	1,28	1,64
4		1,19	1,40	1,96	—	4		1,04	1,21	1,70	2,19
5		1,49	1,75	2,45	—	5		1,25	1,51	2,13	2,74
6		1,79	2,09	2,94	—	6		1,55	1,81	2,55	3,29
7		2,09	2,44	3,43	—	7		1,81	2,11	2,98	3,84
8		2,38	2,79	3,92	—	8		2,07	2,42	3,40	4,38
9		2,68	3,14	4,41	—	9		2,33	2,72	3,83	4,93
10		2,98	3,49	4,90	—	10		2,59	3,02	4,25	5,48
1°	*1,35*	*0,29*	*0,34*	*0,47*	*0,61*	*1°*	*1,55*	*0,25*	*0,29*	*0,41*	*0,53*
2		0,57	0,67	0,94	1,22	2		0,50	0,59	0,82	1,06
3		0,86	1,01	1,42	1,83	3		0,75	0,88	1,23	1,59
4		1,15	1,34	1,89	2,44	4		1,00	1,17	1,64	2,12
5		1,44	1,68	2,36	3,05	5		1,25	1,47	2,06	2,66
6		1,72	2,02	2,84	3,65	6		1,50	1,76	2,47	3,19
7		2,01	2,35	3,30	4,26	7		1,75	2,05	2,88	3,72
8		2,30	2,69	3,78	4,87	8		2,00	2,34	3,29	4,25
9		2,58	3,02	4,25	5,48	9		2,25	2,64	3,70	4,78
10		2,87	3,36	4,72	6,09	10		2,50	2,93	4,11	5,31
1°	*1,40*	*0,28*	*0,32*	*0,46*	*0,59*	*1°*	*1,60*	*0,24*	*0,28*	*0,40*	*0,51*
2		0,55	0,65	0,91	1,17	2		0,49	0,57	0,80	1,03
3		0,83	0,97	1,37	1,76	3		0,73	0,85	1,19	1,54
4		1,11	1,30	1,82	2,35	4		0,97	1,14	1,59	2,06
5		1,39	1,62	2,28	2,94	5		1,22	1,42	1,99	2,57
6		1,66	1,94	2,73	3,52	6		1,46	1,70	2,39	3,08
7		1,94	2,27	3,19	4,11	7		1,70	1,99	2,79	3,60
8		2,22	2,59	3,64	4,70	8		1,94	2,27	3,18	4,11
9		2,49	2,92	4,10	5,28	9		2,19	2,56	3,58	4,63
10		2,77	3,24	4,55	5,87	10		2,43	2,84	3,98	5,14
1°	*1,45*	*0,27*	*0,31*	*0,44*	*0,57*	*1°*	*1,65*	—	—	*0,39*	*0,50*
2		0,54	0,63	0,88	1,13	2		—	—	0,77	1,00
3		0,80	0,94	1,32	1,70	3		—	—	1,16	1,49
4		1,07	1,25	1,76	2,27	4		—	—	1,54	1,99
5		1,34	1,57	2,20	2,84	5		—	—	1,93	2,49
6		1,61	1,88	2,64	3,40	6		—	—	2,32	2,99
7		1,88	2,19	3,08	3,97	7		—	—	2,70	3,49
8		2,14	2,50	3,52	4,54	8		—	—	3,09	3,98
9		2,41	2,82	3,96	5,10	9		—	—	3,47	4,48
10		2,68	3,13	4,40	5,67	10		—	—	3,86	4,98

Die Tabellen von Waldmann für 140, meist organische Verbindungen mit den dafür von H. Waldmann gefundenen Werten $Q = \frac{n_D - n_C}{n_F - n_C}$

Kohlenwasserstoffe und Halogenderivate		Alkohole, Aether Phenole		Aldehyde und Ketone	
Aliphatische Verbindungen					
n-Hexan	0,283	Äthylalkohol	0,291	Chloral	0,293
n-Hexen	0,284	i-Butylalkohol	0,29	Acetal	0,304
Hexadien-2,4	0,271	Trimethylcarbinol	0,308	Acrolein	0,280
Tripropylmethan	0,297	n-Octylalkohol	0,313	n-Heptylaldehyd	0,301
Dodecan	0,291	Äthyl-propyl-äther	0,297	Aceton	0,308
Cetyljodid	0,302	Chlormethylather	0,290	Methyl-isopropylketon	0,313
Tetrachlorkohlenstoff	0,211			Methyl-isobutylketon	0,264
Acetylentetrabromid	0,280			Mesityloxyd	0,295
sym. Difluor-tetrachlorathan	0,273			Pseudojonon	0,264
Alicyclische und hydroaromatische Verbindungen:					
d-Limonen	0,321	Cyclo-propylcarbinole:		Carvon	0,279
Sabinen	0,285	Äthyl-	0,288	α-Janon	0,28
trans 1,2,4,5-Tetramethyl-cyclohexan	0,279	Prophyl-	0,290	β-Jonon	0,28
Dekahydro-naphthalin	0,290	Isobutyl-	0,262	o-Meth.-cyclohexanon	0,313
Cyclische KWSte.:		Di-isopropyl-	0,279	Cyclische Ketone, Diketone	
Methyl-cyclopentan	0,276	Butyl-isobutyl-	0,266	C_5	0,30 —
Cyclo-hexan	0,271	Di-isobutyl-	0,288	C_6	0,30 —
Cyclo-octan	0,31			C_8	0,30 —
C_{14}	0,30			C_{14}	0,30 —
C_{15}	0,29			C_{15}	0,30 —
C_{16}	0,29			C_{16}	0,29 0,30
C_{17}	0,29			C_{17}	0,30 —
C_{18}	0,29			C_{24}	— 0,30
C_{22}	0,29			C_{26}	— 0,29
C_{26}	0,31			C_{28}	— 0,29
C_{30}	0,30			C_{30}	0,29 0,30
				C_{32}	— 0,30
				Muscon	0,27
Aromatische Verbindungen:					
Benzol	0,289	Benzylalkohol	0,282	Benzaldehyd	0,292
p-Xylol	0,292	Phenol	0,294	Zimtaldehyd	0,259
Styrol	0,274	Anisol	0,280	Acetophenon	0,272
β-Methyl-styrol	0,30	p-Fluorphenetol	0,312	Benzophenon, stab.	0,305
Hydrinden	0,289	α-Naphtol	0,268	Benzoylaceton-A-äthyl-äther	0,275
Naphthalin	0,265			α-Tetralon	0,263
Δt-Dihydronaphthalin	0,277			α-Hydrindon	0,271
Brombenzol	0,280				
Benzylchlorid	0,27				
α-Bromnaphthalin	0,271				
Heterocyclische Verbindungen:					
Grundkörper, KWSte.				Furfurol	0,276
Diäthylendioxyd	0,300				
Pyrrol	0,282				
Pyridin[1])	0,237				
α-Methylpyridin	0,281				
Piperidin	0,284				
Chinolin	0,272				
Cyclo-octomethylenimin	0,29				
Thiophen	0,282				

Carbonsäuren, Ester und Derivate		Stickstoffverbindungen Amine, Nitrokörper usw.		Verschiedene Verbindungen	
Essigsäure-anhydrid	0,297	Triäthylamin	0,282	Schwefelkohlenstoff	0,271
Propiolsäure-methylester	0,289	tert. Butylamin	0,286	Allylsenföl	0,312
m Milchsäure	0,301	Nitromethan	0,281	Diäthylsulfat	0 293
n-Buttersäure	0,301	Isobutylnitrit	0,282	Phosphorsäure-triäthylester	0,30
n-Buttersäure-äthylester	0,299	Methyl-n-hexyl-ketoxim	0,296	Tri-n butylphosphin	0,29
Heptylsäurechlorid	0,304				
Caprylsäure	0,315				
Malonsäure-dimethylester	0,288				
Bernsteinsäure-dimethylester	0,293				
Sebacinsäure-diäthylester	0,283				
Cyclohexan-1,1-dicarbonsäure-dimethylester	0,287	Cyclo-octanon-oxim	0,29		
		Cyclo-pentadecanon-oxim	0,29		
Benzoesäure-äthylester	0,303	Benzylamin	0,279	Thiophenol	0,277
Zimtsäure-methylester	0,267	Benzonitril	0,281	Phenylsenföl	0,257
Zimtsäure-äthylester	0,271	Anilin	0,274		
Atropasäure-äthylester	0,264	m-Bromanilin	0,266		
α-Methylzimtsäure-äthylester	0,280	o-Toluidin	0,273		
Phenylvinylacetat	0,258	Nitrobenzol	0,276		
Benzoylchlorid	0,279	o-Fluor-nitrobenzol	0,257		

Anorganische Verbindungen und Glasarten:

Wasser . . . . 0,308[1])
Flusspat, CaF_2 . . . . . . 0,296 (*Schönrock*)[2])
Steinsalz, NaCl. . . . . 0,286 (*Martens, Langley, Paschen*)[2])
Diamant . . . . 0,287 (*Wülfing*)[2])
gewohnliches Silicat-Kronglas, Nr. 0203 . . . . . . 0,298[3])
schweres Silicat-Flintglas, Nr. 0198 . . . . 0,279[3])

[1]) *Landolt-Börnstein*, 5. A., Tab. 174 Eg. W. III, *Tilton* und *Taylor*.
[2]) *Landolt-Börnstein*, 5. A., Tab. 167 H.W.
[3]) Schmelzen von *Schott & Gen.*, Jena, nach Chemikerkalender 1928, III, 217.

H. Wałdmanns[1]) Tafel zur Berechnung der Brechungsindices n_F' und n'_C

aus n_D, der mittleren Dispersion $[n'_F - n'_C]$ und

dem Quotienten $Q = \dfrac{n_D - n_C}{n_F - n_C} = 0{,}286$

$$n'_C = n_D - 0{,}286\,[n_F - n_C] = n_D - \mathfrak{C}$$
$$n'_F = n_D + 0{,}714\,[n_F - n_C] = n_D + \mathfrak{F}$$

$[n_F - n_C]$	,...00		,...20		,...40		,...60		,...80	
	$-\mathfrak{C}$	$+\mathfrak{F}$	$-\mathfrak{C}$	$+\mathfrak{F}$	$-\mathfrak{C}$	$+\mathfrak{F}$	$-\mathfrak{C}$	$+\mathfrak{F}$	$-\mathfrak{C}$	$+\mathfrak{F}$
0,000..	0,0000	0000	0001	0001	0001	0003	0002	0004	0002	0006
001..	0003	0007	0004	0008	0004	0010	0005	0011	0005	0013
002..	0006	0014	0006	0016	0007	0017	0008	0018	0008	0020
003..	0009	0021	0009	0023	0010	0024	0010	0026	0011	0027
004..	0011	0029	0012	0030	0012	0032	0013	0033	0014	0034
005..	0014	0036	0015	0037	0015	0039	0016	0040	0017	0041
006..	0017	0043	0018	0044	0018	0046	0019	0047	0020	0048
007..	0020	0050	0021	0051	0021	0053	0022	0054	0022	0056
008..	0023	0057	0024	0058	0024	0060	0025	0061	0025	0063
009..	0026	0064	0026	0066	0027	0067	0027	0069	0028	0070
0,010..	0,0029	0071	0029	0073	0030	0074	0030	0076	0031	0077
011..	0032	0078	0032	0080	0033	0081	0033	0083	0034	0084
012..	0034	0086	0035	0087	0035	0089	0036	0090	0037	0091
013..	0037	0093	0038	0094	0038	0096	0339	0097	0040	0098
014..	0040	0100	0041	0101	0041	0103	0042	0104	0042	0106
015..	0043	0107	0044	0108	0044	0110	0045	0111	0045	0113
016..	0046	0114	0046	0116	0047	0117	0048	0118	0048	0120
017..	0049	0121	0049	0123	0050	0124	0050	0126	0051	0127
018..	0052	0128	0052	0130	0053	0131	0053	0133	0054	0134
019..	0054	0136	0055	0137	0055	0139	0056	0140	0057	0141
0,020..	0,0057	0143	0058	0144	0058	0146	0059	0147	0060	0148
021..	0060	0150	0061	0151	0061	0153	0062	0154	0062	0156
022..	0063	0157	0064	0158	0064	0160	0065	0161	0065	0163
023..	0066	0164	0066	0166	0067	0167	0068	0168	0068	0170
024..	0069	0171	0069	0173	0070	0174	0070	0176	0071	0177
025..	0072	0178	0072	0180	0073	0181	0073	0183	0074	0184
026..	0074	0186	0075	0187	0075	0189	0076	0190	0077	0191
027..	0077	0193	0078	0194	0078	0196	0079	0197	0080	0198
028..	0080	0200	0081	0201	0081	0203	0082	0204	0082	0206
029..	0083	0207	0084	0208	0084	0210	0085	0211	0085	0213

[1]) Helv. Chim. acta XXI, *5*, 1064 (1939).

Fortsetzung S. 142

Fortsetzung der Tabelle von S. 141

$[n_F - n_C]$	,...00		,...20		,...40		,...60		,...80	
	$-\mathfrak{C}$	$+\mathfrak{F}$	$-\mathfrak{C}$	$+\mathfrak{F}$	$-\mathfrak{C}$	$+\mathfrak{F}$	$-\mathfrak{C}$	$+\mathfrak{F}$	$-\mathfrak{C}$	$+\mathfrak{F}$
0,030..	0,0086	0214	0086	0216	0087	0217	0088	0218	0088	0220
031..	0089	0221	0089	0223	0090	0224	0090	0226	0091	0227
032..	0092	0228	0092	0230	0093	0231	0093	0233	0094	0234
033..	0094	0236	0095	0237	0096	0238	0096	0240	0097	0241
034..	0097	0243	0098	0244	0098	0246	0099	0247	0100	0248
035..	0100	0250	0101	0251	0101	0253	0102	0254	0102	0256
036..	0103	0257	0104	0258	0104	0260	0105	0261	0105	0263
037..	0106	0264	0106	0266	0107	0267	0108	0268	0108	0270
038..	0109	0271	0109	0273	0110	0274	0110	0276	0111	0277
039..	0112	0278	0112	0280	0113	0281	0113	0283	0114	0284
0,040..	0,0114	0286	0115	0287	0116	0288	0116	0290	0117	0291
041..	0117	0293	0118	0294	0118	0296	0119	0297	0120	0298
042..	0120	0300	0121	0301	0121	0303	0122	0304	0122	0306
043..	0123	0307	0124	0308	0124	0310	0125	0311	0125	0313
044..	0126	0314	0126	0316	0127	0317	0128	0318	0128	0320
045..	0129	0321	0129	0323	0130	0324	0130	0326	0131	0327
046..	0132	0328	0132	0330	0133	0331	0133	0333	0134	0334
047..	0134	0336	0135	0337	0136	0338	0136	0340	0137	0341
048..	0137	0343	0138	0344	0138	0346	0139	0347	0140	0348
049..	0140	0350	0141	0351	0141	0353	0142	0354	0142	0356
0,050..	0,0143	0357	0144	0358	0144	0360	0145	0361	0145	0363

Beispiel: $n_D = 1{,}3330$, $n_F - n_C = 0{,}00600$
$n_{\mathfrak{f}} = 1{,}3330 + 0{,}0043 = 1{,}3373$;
$n_{\mathfrak{e}} = 1{,}3330 - 0{,}0017 = 1{,}3313$

Literatur

E. Abbe, Neuere Apparate zur Bestimmung des Brechungs- und Zerstreuungsvermögens fester und flüssiger Körper. 179 S. mit 2 Tafeln. (Jena 1874). Auch enthalten in *E. Abbe,* Gesammelte Abhandlungen Bd. II S. 82—164. (Jena 1906 bei G. Fischer.)

F. Eisenlohr, Spektrochemie organischer Verbindungen. (Stuttgart 1912 bei Enke.)

Th. R. P. Gibb, Optical Methods of Chemical Analysis (Mc. Graw-Hill Book Co. New York, London 1942.)

F. Löwe, Optische Messungen des Chemikers und des Mediziners, 5. neubearbeitete Auflage, VIII und 315 Seiten mit 125 Abb. und 4 Spektraltafeln. (Dreden 1949 bei Th. Steinkopff.)

H. Mohler, Chemische Optik. 296 S. mit 165 Abb. und 32 Tabellen. (H. R. Sauerländer & Co., Aarau 1951.)

C. Pulfrich, Das Totalreflectometer und das Refraktometer für Chemiker. VIII und 144 S. mit 4 Tafeln und 45 Figuren im Text. (Leipzig 1890 bei Engelmann.)

Namen- und Sachverzeichnis

Fünfstellige dekadische

LOGARITHMEN

für den Ausdruck $\frac{n^2-1}{n^2+2}$

für $n = 1.3000$ bis 1.7199 mit Proportionalteilen

Die Kennziffer sämtlicher Logarithmen ist

0, ———— −1

Ein Sternchen vor den letzten drei Ziffern bedeutet,
daß sie zu den ersten zwei Ziffern der nächsten Zeile gehören.

Logarithmen von $\frac{n^2-1}{n^2+2} \cdot n = 1{,}3000$ bis $1{,}3349$

n	0	1	2	3	4	5	6	7	8	9
1,300	27 182	196	209	222	235	249	262	275	289	302
1,301	315	328	342	355	368	381	395	408	421	434
1,302	447	461	474	487	500	513	527	540	553	566
1,303	579	592	605	619	632	645	658	671	684	697
1,304	710	724	737	750	763	776	789	802	815	828
1,305	842	855	868	881	894	907	920	933	946	959
1,306	972	985	998	*011	*024	*037	*050	*063	*076	*089
1,307	28 102	115	128	141	154	167	179	192	205	218
1,308	231	244	257	270	283	296	309	332	334	347
1,309	360	373	386	399	411	424	437	458	463	476
1,310	489	501	514	527	540	553	565	578	591	604
1,311	617	629	642	655	668	680	693	706	719	732
1,312	744	757	770	782	795	808	821	833	846	859
1,313	871	884	897	909	922	935	947	960	973	985
1,314	998	*011	*023	*036	*049	*061	*074	*087	*099	*112
1,315	29 124	137	150	162	175	187	200	212	225	238
1,316	250	263	275	288	300	313	325	338	350	363
1,317	375	388	400	413	425	438	450	463	475	488
1,318	500	513	525	538	550	563	575	587	600	612
1,319	625	637	650	662	674	687	699	712	724	736
1,320	749	761	773	786	798	811	823	835	848	860
1,321	873	885	897	909	922	934	946	959	971	983
1,322	996	*008	*020	*032	*045	*057	*069	*081	*094	*106
1,323	30 118	131	143	155	167	179	192	204	216	228
1,324	240	253	265	277	289	301	314	326	338	350
1,325	362	374	387	399	411	423	435	448	460	472
1,326	484	496	508	520	532	544	557	569	581	593
1,327	605	617	629	641	653	665	677	689	701	713
1,328	726	738	750	762	774	786	798	810	822	834
1,329	846	858	870	882	894	906	918	930	942	954
1,330	966	978	989	*001	*013	*025	*037	*049	*061	*073
1,331	31 085	097	109	121	133	144	156	168	180	192
1,332	204	216	228	240	251	263	275	287	299	311
1,333	323	334	346	358	370	382	393	405	417	429
1,334	441	452	464	476	488	500	511	523	535	547
n	0	1	2	3	4	5	6	7	8	9

P. P.

	14	13	12	11
1	1,4	1,3	1,2	1,1
2	2,8	2,6	2,4	2,2
3	4,2	3,9	3,6	3,3
4	5,6	5,2	4,8	4,4
5	7,9	6,5	6,0	5,5
6	8 4	7,8	7,2	6,6
7	9,8	9,1	8,4	7,7
8	11,2	10,4	9,6	8,8
9	12,6	11,7	10,8	9,9

Logarithmen von $\frac{n^2 - 1}{n^2 + 2} \cdot n = 1{,}3350$ bis $1{,}3699$

n	0	1	2	3	4	5	6	7	8	9	P. P.
1,335	31 558	570	582	594	605	617	629	641	652	664	12
1,336	676	688	699	711	723	734	746	758	770	781	1 1,2
1,337	793	804	816	828	840	851	863	875	886	898	2 2,4
1,338	909	921	933	944	956	968	979	991	*002	*014	3 3,6
1,339	32 026	037	049	060	072	084	095	107	118	130	4 4,8
1,340	141	153	165	176	188	199	211	222	234	245	5 6,0
1,341	257	268	280	291	303	314	326	337	349	360	6 7,2
1,342	372	383	395	406	418	429	441	452	464	475	7 8,4
1,343	487	498	509	521	532	544	555	567	578	590	8 9,6
1,344	601	612	624	635	646	658	669	681	692	703	9 10,8
1,345	715	726	738	749	760	772	783	794	806	817	
1,346	828	840	851	862	874	885	896	908	919	930	
1,347	942	953	964	975	987	998	*009	*020	*032	*043	11
1,348	33 054	066	077	088	099	111	122	133	144	155	1 1,1
1,349	167	178	189	200	212	223	223	245	256	268	2 2,2
1,350	279	290	301	312	324	335	346	357	368	379	3 3,3
1,351	390	402	413	424	435	446	457	468	480	491	4 4 4
1,352	502	513	524	535	546	557	568	580	591	602	5 5,5
1,353	613	624	635	646	657	668	679	690	701	712	6 6,6
1,354	723	734	745	756	767	779	790	801	812	823	7 7,7
1,355	834	845	856	867	878	889	900	911	922	933	8 8,8
1,356	944	955	966	977	988	999	*010	*020	*031	*042	9 9,9
1,357	34 053	064	075	086	097	108	119	130	141	152	
1,358	162	173	184	195	206	217	228	239	250	260	
1,359	271	282	293	304	315	326	336	347	358	369	
1,360	380	391	401	412	423	434	445	456	467	477	10
1,361	488	499	510	521	531	542	553	564	574	585	1 1,0
1,362	596	607	617	628	639	650	661	671	682	693	2 2,0
1,363	703	714	725	736	746	757	768	778	789	800	3 3,0
1,364	811	821	832	843	853	864	875	885	896	907	4 4,0
1,365	917	928	939	949	960	971	981	992	*002	*013	5 5,0
1,366	35 024	034	045	056	066	077	087	098	109	119	6 6,0
1,367	130	141	151	162	172	183	193	204	215	225	7 7,0
1,368	236	246	257	268	278	289	299	310	320	331	8 8,0
1,369	341	352	362	373	383	394	404	415	426	436	9 9,0
n	0	1	2	3	4	5	6	7	8	9	P. P.

Logarithmen von $\frac{n^2 - 1}{n^2 + 2} \cdot n = 1{,}3700$ bis $1{,}4049$

n	0	1	2	3	4	5	6	7	8	9
1,370	35 447	457	468	478	489	499	510	520	531	541
1,371	551	562	572	583	593	604	614	625	635	645
1,372	656	666	677	687	698	708	719	729	739	750
1,373	760	770	781	791	802	812	822	833	843	854
1,374	864	874	885	895	906	916	926	936	947	957
1,375	968	978	988	999	*009	*019	*030	*040	*050	*060
1,376	36 071	081	091	102	112	122	133	143	153	163
1,377	174	184	194	204	215	225	235	246	256	266
1,378	276	286	297	307	317	328	338	348	358	368
1,379	379	389	399	409	419	430	440	450	460	471
1,380	481	491	501	511	521	532	542	552	562	572
1,381	582	592	603	613	623	633	643	653	663	674
1,382	684	694	704	714	724	734	744	754	765	775
1,383	785	795	805	815	825	835	845	855	865	876
1,384	886	896	906	916	926	936	946	956	966	976
1,385	986	996	*006	*016	*026	*036	*046	*056	*066	*076
1,386	37 086	096	106	116	126	136	146	156	166	176
1,387	186	196	206	216	226	236	246	256	266	276
1,388	286	295	305	315	325	335	345	355	365	375
1,389	385	395	405	415	424	434	444	454	464	474
1,390	484	494	504	513	523	533	543	553	563	573
1,391	582	592	602	612	622	632	641	651	661	671
1,392	681	691	701	710	720	730	740	750	759	769
1,393	779	789	799	808	818	828	838	847	857	867
1,394	877	886	896	906	916	925	935	945	955	965
1,395	974	984	994	*004	*013	*023	*033	*042	*052	*062
1,396	38 072	081	091	101	110	120	129	139	149	159
1,397	169	178	188	198	207	217	227	236	246	256
1,398	265	275	284	294	304	313	323	333	342	352
1,399	361	371	381	390	400	410	419	429	438	448
1,400	458	467	477	486	496	506	515	525	534	544
1,401	553	563	573	582	592	601	611	620	630	639
1,402	649	658	668	678	687	697	706	716	725	735
1,403	744	754	763	773	782	792	801	811	820	830
1,404	839	849	858	868	877	887	896	906	915	925
n	0	1	2	3	4	5	6	7	8	9

P. P.

	11
1	1,1
2	2,2
3	3,3
4	4,4
5	5,5
6	6,6
7	7,7
8	8,8
9	9,9

	10
1	1,0
2	2,0
3	3,0
4	4,0
5	5,0
6	6,0
7	7,0
8	8,0
9	9,0

	9
1	0,9
2	1,8
3	2,7
4	3 6
5	4,5
6	5,4
7	6,3
8	7,2
9	8,1

Logarithmen von $\frac{n^2-1}{n^2+2}$ · $n = 1{,}4050$ bis $1{,}4399$

n	0	1	2	3	4	5	6	7	8	9
1,405	38 934	943	953	962	972	981	991	*000	*010	*019
1,406	39 028	038	047	057	066	076	085	094	104	113
1,407	123	132	141	151	160	170	179	188	198	207
1,408	216	226	235	245	254	263	273	282	291	301
1,409	310	319	329	338	348	357	366	376	385	394
1,410	403	413	422	432	441	450	459	469	478	487
1,411	497	506	515	524	534	543	552	562	571	580
1,412	589	599	608	617	627	636	645	654	664	673
1,413	682	691	700	710	719	728	737	747	756	765
1,414	774	783	793	802	811	820	830	839	848	857
1,415	866	876	885	894	903	912	921	931	940	949
1,416	958	967	977	986	995	*004	*013	*022	*031	*040
1,417	40 050	059	068	077	086	095	105	114	123	132
1,418	141	150	159	168	177	187	196	205	214	223
1,419	232	241	250	259	268	277	286	296	305	314
1,420	323	332	341	350	359	368	377	386	395	404
1,421	413	422	431	440	449	458	467	477	486	495
1,422	504	513	522	531	540	549	558	567	576	585
1,423	594	603	612	621	630	639	647	656	665	674
1,424	683	692	701	710	719	728	737	746	755	764
1,425	773	782	791	800	809	818	826	835	844	853
1,426	862	871	880	889	898	907	916	924	933	942
1,427	951	960	969	978	987	996	*004	*013	*022	*031
1,428	41 040	049	058	067	076	084	093	102	111	120
1,429	128	137	146	155	164	173	181	190	199	208
1,430	217	226	234	243	252	261	270	278	287	296
1,431	305	314	322	331	340	349	357	366	375	384
1,432	392	401	410	419	428	436	445	454	463	471
1,433	480	489	498	506	515	524	533	541	550	559
1,434	567	576	585	594	602	611	620	628	637	646
1,435	655	663	672	681	689	698	707	715	724	733
1,436	741	750	759	767	776	785	794	802	811	819
1,437	828	837	845	854	863	871	880	888	897	906
1,438	914	923	932	940	949	958	966	975	983	992
1,439	42 001	009	018	026	035	043	052	061	069	078
n	0	1	2	3	4	5	6	7	8	9

P. P.

10	
1	1,0
2	2,0
3	3,0
4	4,0
5	5,0
6	6,0
7	7,0
8	8,0
9	9,0

9	
1	0,9
2	1,8
3	2,7
4	3,6
5	4,5
6	5,4
7	6,3
8	7,2
9	8,1

8	
1	0,8
2	1,6
3	2,4
4	3,2
5	4,0
6	4,8
7	5,6
8	6,4
9	7,2

Logarithmen von $\frac{n^2-1}{n^2+2} \cdot n = 1{,}4400$ bis $1{,}4749$

n	0	1	2	3	4	5	6	7	8	9
1,440	42 086	095	104	112	121	129	138	146	155	163
1,441	172	181	189	198	206	215	223	232	240	249
1,442	258	266	275	283	292	300	309	317	326	334
1,443	343	351	360	368	377	385	394	402	411	419
1,444	428	436	445	453	462	470	479	487	496	504
1,445	512	521	529	538	546	555	563	572	580	589
1,446	597	606	614	622	631	639	648	656	665	673
1,447	681	690	698	707	715	723	732	740	749	757
1,448	765	774	782	791	799	807	816	824	833	841
1,449	849	858	866	875	883	891	900	908	916	925
1,450	933	941	950	958	966	975	983	992	*000	*008
1,451	43 017	025	033	042	050	058	067	075	083	092
1,452	100	108	116	125	133	141	150	158	166	174
1,453	183	191	199	207	216	224	232	240	249	257
1,454	265	274	282	290	298	307	315	323	331	340
1,455	348	356	364	373	381	389	397	406	414	422
1,456	430	439	447	455	463	471	480	488	496	504
1,457	512	521	529	537	545	553	562	570	578	586
1,458	594	602	611	619	627	635	643	652	660	668
1,459	676	684	692	701	709	717	725	733	741	750
1,460	757	766	774	782	790	798	806	814	823	831
1,461	839	847	855	863	871	879	887	896	904	912
1,462	920	928	936	944	952	960	968	976	984	993
1,463	44 001	009	017	025	033	041	049	057	065	073
1,464	081	089	097	105	113	122	130	138	146	154
1,465	162	170	178	186	194	202	210	218	226	234
1,466	242	250	258	266	274	282	292	298	306	314
1,467	322	330	338	346	354	362	370	378	386	394
1,468	402	410	418	426	434	442	450	458	466	473
1,469	481	489	497	505	513	521	529	537	545	553
1,470	561	569	577	585	592	600	608	616	624	632
1,471	640	648	656	664	672	679	687	695	703	711
1,472	719	727	735	743	751	758	766	774	782	790
1,473	798	806	813	821	829	837	845	853	861	868
1,474	876	884	892	900	908	916	923	931	939	947
n	0	1	2	3	4	5	6	7	8	9

P. P.

	9
1	0,9
2	1,8
3	2,7
4	3,6
5	4,5
6	5,4
7	6,3
8	7,2
9	8,1

	8
1	0,8
2	1,6
3	2,4
4	3,2
5	4,0
6	4,8
7	5,6
8	6,4
9	7,2

	7
1	0,7
2	1,4
3	2,1
4	2,8
5	3,5
6	4,2
7	4,9
8	5,6
9	6,3

Logarithmen von $\frac{n^2 - 1}{n^2 + 2} \cdot n = 1{,}4750$ bis $1{,}5099$

n	0	1	2	3	4	5	6	7	8	9
1,475	44 955	962	970	978	986	994	*002	*010	*017	*025
1,476	45 033	041	049	056	064	072	080	088	095	103
1,477	111	119	126	134	142	150	158	165	173	181
1,478	189	196	204	212	220	228	235	243	251	259
1,479	266	274	282	289	297	305	313	321	328	336
1,480	344	352	359	367	375	382	390	398	406	413
1,481	421	429	436	444	452	459	467	475	483	490
1,482	498	506	513	521	529	536	544	552	560	567
1,483	575	583	590	598	606	613	621	629	636	644
1,484	651	659	667	674	682	690	697	705	713	720
1,485	728	736	743	751	758	766	774	781	789	797
1,486	804	812	819	827	835	842	850	857	865	873
1,487	880	888	895	903	911	918	926	933	941	949
1,488	956	964	971	979	986	994	*001	*009	*017	*024
1,489	46 032	039	047	054	062	069	077	085	092	100
1,490	107	115	122	130	137	145	152	160	168	175
1,491	183	190	198	205	213	220	228	235	243	250
1,492	258	265	273	280	288	295	303	310	318	325
1,493	333	340	348	355	363	370	378	385	393	400
1,494	408	415	422	430	437	445	452	460	467	475
1,495	482	489	497	504	512	519	527	534	542	549
1,496	556	564	571	579	586	593	601	608	616	623
1,497	631	638	645	653	660	668	675	682	690	697
1,498	705	712	720	727	734	741	749	756	764	771
1,499	778	786	793	801	808	815	823	830	837	845
1,500	852	859	867	874	882	889	896	904	911	918
1,501	926	933	940	948	955	962	970	977	984	992
1,502	999	*006	*014	*021	*028	*036	*043	*050	*057	*065
1,503	072	079	087	094	101	109	116	123	130	138
1,504	145	152	160	167	174	181	189	196	203	210
1,505	218	225	232	240	247	254	261	269	276	283
1,506	290	298	305	312	319	327	334	342	349	356
1,507	363	370	377	385	392	399	406	413	421	428
1,508	435	442	450	457	464	471	478	486	493	500
1,509	507	514	521	529	536	543	550	557	565	572
n	0	1	2	3	4	5	6	7	8	9

P. P.

	8
1	0,8
2	1,6
3	2,4
4	3,2
5	4,0
6	4,8
7	5,6
8	6,4
9	7,2

	7
1	0,7
2	1,4
3	2,1
4	2,8
5	3,5
6	4,2
7	4,9
8	5,6
9	6,3

Logarithmen von $\frac{n^2 - 1}{n^2 + 2}$. $n = 1{,}5100$ bis $1{,}5449$

n		0	1	2	3	4	5	6	7	8	9
1,510	47	579	586	593	601	608	615	622	629	636	644
1,511		651	658	665	672	679	687	694	701	708	715
1,512		722	729	737	744	751	758	765	772	779	787
1,513		794	801	808	815	822	829	836	844	851	858
1,514		865	872	879	886	893	900	908	915	922	929
1,515		936	943	950	957	964	971	978	986	993	*000
1,516	48	007	014	021	028	035	042	049	056	063	070
1,517		078	085	092	099	106	113	120	127	134	141
1,518		148	155	162	169	176	183	190	197	204	211
1,519		218	225	232	239	246	254	261	268	275	282
1,520		289	296	303	310	317	324	331	338	345	352
1,521		359	366	373	380	387	394	401	408	415	422
1,522		429	436	443	450	457	463	470	477	484	491
1,523		498	505	512	519	526	533	540	547	554	561
1,524		568	575	582	589	596	603	609	616	623	630
1,525		637	644	651	658	665	672	679	686	693	699
1,526		706	713	720	727	734	741	748	755	762	769
1,527		775	782	789	796	803	810	817	824	831	837
1,528		844	851	858	865	872	879	886	892	899	906
1,529		913	920	927	933	940	947	954	961	968	975
1,530		982	988	995	*002	*009	*016	*023	*030	*036	*043
1,531	49	050	057	064	071	077	084	019	098	105	112
1,532		113	125	132	139	146	152	159	166	173	180
1,533		187	193	200	207	214	220	227	234	241	248
1,534		254	261	268	275	282	288	295	302	309	315
1,535		322	329	336	342	349	356	363	369	376	383
1,536		390	396	403	410	417	423	430	437	444	450
1,537		457	464	471	477	484	491	498	504	511	517
1,538		525	531	538	545	552	558	565	572	578	585
1,539		592	598	605	612	618	625	632	639	645	652
1,540		659	665	672	679	685	692	699	705	712	719
1,541		726	732	739	746	752	759	766	772	779	786
1,542		792	799	806	812	819	825	832	839	845	852
1,543		859	865	872	879	885	892	899	905	912	917
1,544		925	932	938	945	952	958	965	972	978	985
n		0	1	2	3	4	5	6	7	8	9

P. P.

	8
1	0,8
2	1,6
3	2,4
4	3,2
5	4,0
6	4,8
7	5,6
8	6,4
9	7,2

	7
1	0,7
2	1,4
3	2,1
4	2,8
5	3,5
6	4,2
7	4,9
8	5,6
9	6,3

	6
1	0,6
2	1,2
3	1,8
4	2,4
5	3,0
6	3,6
7	4,2
8	4,8
9	5,4

Logarithmen von $\frac{n^2-1}{n^2+2} \cdot n$ = 1,5450 bis 1,5799

n	0	1	2	3	4	5	6	7	8	9	P. P.
1,545	49 991	998	*005	*011	*018	*024	*031	*038	*044	*051	
1,546	50 058	064	071	077	084	091	097	104	110	117	
1,547	124	130	137	143	150	156	163	170	176	183	
1,548	189	196	202	209	216	222	229	236	242	249	
1,549	255	261	268	275	281	288	294	301	307	314	
1,550	320	327	333	340	347	353	360	366	373	379	
1,551	386	392	399	405	412	418	425	431	438	444	
1,552	451	457	464	470	477	451	457	464	470	477	7
1,553	516	522	529	535	542	548	555	561	568	574	1 0,7
1,554	581	587	594	600	607	613	620	626	633	640	2 1,4
1,555	646	652	659	665	671	678	684	691	697	704	3 2,1
1,556	710	717	723	730	736	742	749	755	762	768	4 2,8
1,557	775	781	788	794	800	807	813	820	826	833	5 3,5
1,558	839	845	852	858	865	871	878	884	890	897	6 4,2
1,559	903	910	916	922	929	935	942	948	955	961	7 4,9
1,560	967	974	980	986	993	999	*006	*012	*018	*025	8 5,6
1,561	51 031	037	044	050	057	063	069	076	082	088	9 6,3
1,562	095	101	107	114	120	127	133	139	146	152	
1,563	158	165	171	177	184	190	196	203	209	216	
1,564	222	228	235	241	247	254	260	266	273	279	
1,565	285	292	298	304	311	317	323	330	336	342	
1,566	348	355	361	367	374	380	386	392	399	405	6
1,567	411	418	424	430	437	443	449	455	462	468	1 0,6
1,568	474	481	486	592	499	506	512	518	524	531	2 1,2
1,569	537	543	550	556	562	568	575	581	587	593	3 1,8
1,570	600	606	612	618	625	631	637	643	650	656	4 2,4
1,571	662	668	675	681	687	693	700	706	712	718	5 3,0
1,572	725	731	737	743	749	756	762	768	774	781	6 3,6
1,573	787	793	799	805	812	818	824	830	836	843	7 4,2
1,574	849	855	961	867	874	880	886	892	898	905	8 4,8
1,575	911	917	923	929	935	942	948	954	960	966	9 5,4
1,576	972	979	985	991	997	*003	*009	*016	*022	*028	
1,577	52 034	040	046	052	059	065	071	077	083	089	
1,578	096	102	108	114	120	126	132	139	145	151	
1,579	157	163	169	175	182	188	194	200	206	212	
n	0	1	2	3	4	5	6	7	8	9	P. P.

Logarithmen von $\frac{n^2-1}{n^2+2}$. $n = 1{,}5800$ bis $1{,}6149$

n	0	1	2	3	4	5	6	7	8	9
1,580	52 218	224	231	237	243	249	255	261	267	273
1,581	279	286	292	298	304	310	316	322	328	337
1,582	340	346	353	359	365	371	377	383	389	395
1,583	401	407	413	420	426	432	438	444	450	456
1,584	462	468	474	480	486	492	498	504	510	517
1,585	523	529	535	541	547	553	559	565	571	577
1,586	583	589	595	601	607	613	619	625	631	637
1,587	643	649	655	661	667	674	680	686	692	698
1,588	704	710	716	722	728	734	740	746	752	758
1,589	764	770	776	782	788	794	800	806	812	818
1,590	824	829	835	841	847	853	859	865	871	877
1,591	883	889	895	901	907	913	919	925	931	937
1,592	943	949	955	961	967	973	979	985	991	997
1,593	53 003	009	015	020	026	032	038	044	050	056
1,594	062	068	074	080	086	092	098	104	110	115
1,595	121	127	133	139	145	151	157	163	169	175
1,596	181	187	192	198	204	210	216	222	228	234
1,597	240	245	251	257	263	269	275	281	287	293
1,598	299	304	310	316	322	328	334	340	346	351
1,599	357	363	369	375	381	387	392	398	404	410
1,600	416	422	428	433	439	445	451	457	463	469
1,601	475	480	486	492	498	504	510	515	521	527
1,602	533	539	545	551	556	562	568	574	580	585
1,603	591	597	603	609	615	620	626	632	638	644
1,604	649	655	661	667	673	678	684	690	696	702
1,605	707	713	719	725	731	736	742	748	754	760
1,606	765	771	777	783	789	794	800	806	812	817
1,607	823	829	835	841	846	852	858	864	870	875
1,608	881	887	892	898	904	910	915	921	927	933
1,609	939	944	950	956	961	967	973	979	984	990
1,610	996	*002	*007	*013	*019	*025	*030	*036	*042	*047
1,611	54 053	059	065	070	076	082	088	093	099	105
1,612	110	116	122	128	133	139	145	150	156	162
1,613	168	173	179	185	190	196	202	207	213	219
1,614	225	230	236	242	247	253	259	264	270	276
n	0	1	2	3	4	5	6	7	8	9

P. P.

7	
1	0,7
2	1,4
3	2,1
4	2,8
5	3,5
6	4,2
7	4,9
8	5,6
9	6,3

6	
1	0,6
2	1,2
3	1,8
4	2,4
5	3,0
6	3,6
7	4,2
8	4,8
9	5,4

5	
1	0,5
2	1,0
3	1,5
4	2,0
5	2,5
6	3,0
7	3,5
8	4,0
9	4,5

Logarithmen von $\frac{n^2-1}{n^2+2} \cdot n$ = 1,6150 bis 1,6499

n	0	1	2	3	4	5	6	7	8	9
1,615	54 281	287	293	298	304	310	315	321	327	332
1,616	338	344	349	355	361	366	372	378	383	389
1,617	395	400	406	412	417	423	429	434	440	446
1,618	451	457	462	468	474	479	485	491	496	502
1,619	507	513	519	524	530	536	541	547	553	558
1,620	564	569	575	581	586	592	598	603	609	614
1,621	620	626	631	637	642	648	654	659	665	670
1,622	676	682	687	693	698	704	710	715	721	726
1,623	732	737	743	749	754	760	765	771	777	782
1,624	788	793	799	804	810	815	821	827	832	837
1,625	843	849	854	860	866	871	877	882	888	893
1,626	899	904	910	916	921	927	932	938	943	949
1,627	954	960	965	971	976	982	987	993	999	*004
1,628	55 010	015	021	026	032	037	043	048	054	059
1,629	065	070	076	081	087	092	098	103	109	114
1,630	120	125	131	136	142	147	153	158	164	169
1,631	175	180	186	191	197	202	208	213	219	224
1,632	230	236	241	246	252	257	263	268	274	279
1,633	285	290	296	301	306	312	317	323	328	334
1,634	339	345	350	356	361	367	372	377	383	388
1,635	394	399	405	410	416	421	426	432	437	443
1,636	448	454	459	464	470	475	481	486	492	497
1,637	503	508	513	519	524	530	535	540	546	551
1,638	557	562	568	573	578	584	589	595	600	605
1,639	611	616	622	627	632	638	643	649	654	659
1,640	665	670	676	681	686	692	697	703	708	713
1,641	719	724	730	735	740	746	751	756	762	767
1,642	772	778	783	789	794	799	805	810	815	821
1,643	826	832	837	842	848	853	858	864	869	874
1,644	880	885	890	896	901	906	912	917	922	928
1,645	933	938	944	949	954	960	965	970	976	981
1,646	987	992	997	*002	*008	*013	*018	*024	*029	*034
1,647	56 040	045	050	056	061	066	072	077	082	087
1,648	093	098	103	109	114	119	125	130	135	141
1,649	146	151	156	162	167	172	178	183	188	193
n	0	1	2	3	4	5	6	7	8	9

P. P.

6	
1	0,6
2	1,2
3	1,8
4	2,4
5	3,0
6	3,6
7	4,2
8	4,8
9	5,4

5	
1	0,5
2	1,0
3	1,5
4	2,0
5	2,5
6	3,0
7	3 5
8	4,0
9	4,5

Logarithmen von $\frac{n^2-1}{n^2+2}$ · $n = 1{,}6500$ bis $1{,}6849$

n	0	1	2	3	4	5	6	7	8	9
1,650	56 199	204	209	215	220	225	230	236	241	246
1,651	252	257	262	267	273	278	283	288	294	299
1,652	304	309	315	320	325	331	336	341	346	352
1,653	357	362	367	373	378	383	388	394	399	404
1,654	409	415	420	425	430	435	441	446	451	456
1,655	462	467	472	477	483	488	493	498	503	509
1,656	514	519	524	530	535	540	545	550	556	561
1,657	566	571	577	582	587	592	597	603	608	613
1,658	618	623	629	634	639	644	649	654	660	665
1,659	670	676	681	686	691	696	701	707	712	717
1,660	722	727	732	738	743	748	753	758	764	769
1,661	774	779	784	789	795	800	805	810	815	820
1,662	825	831	836	841	846	851	856	862	868	872
1,663	877	882	887	892	898	903	908	913	918	923
1,664	928	934	939	944	949	954	959	964	969	975
1,665	980	985	990	995	*000	*005	*010	*016	*021	*026
1,666	57 031	036	041	046	051	057	062	067	072	077
1,667	082	087	092	098	103	108	113	118	123	128
1,668	133	138	143	149	154	159	164	169	174	179
1,669	184	189	194	199	205	210	215	220	225	230
1,670	235	240	245	250	255	260	265	270	276	281
1,671	286	291	296	301	306	311	316	321	326	331
1,672	336	341	347	352	357	362	367	372	377	382
1,673	387	392	397	402	407	412	417	422	427	432
1,674	437	443	448	453	458	463	468	473	478	483
1,675	488	493	498	503	508	513	518	523	528	533
1,676	538	543	548	553	558	563	568	573	578	583
1,677	588	593	598	603	608	613	618	623	628	633
1,678	638	643	648	653	658	663	668	673	678	683
1,679	688	693	698	703	708	713	718	723	728	733
1,680	738	743	748	753	758	763	768	773	778	783
1,681	788	793	798	803	808	813	818	823	828	833
1,682	837	842	847	852	857	862	867	872	877	882
1,683	887	892	897	902	907	912	917	922	927	932
1,684	937	942	946	951	956	961	966	971	976	981
n	0	1	2	3	4	5	6	7	8	9

P. P.

	6	5	4
1	0,6	0,5	0,4
2	1,2	1,0	0,8
3	1,8	1,5	1,2
4	2,4	2,0	1,6
5	3,0	2,5	2,0
6	3,6	3,0	2,4
7	4,2	3,5	2 8
8	4,8	4,0	3,2
9	5,4	4,5	3,6

Logarithmen von $\frac{n^2-1}{n^2+2}$ $n = 1{,}6850$ bis $1{,}7199$

n	0	1	2	3	4	5	6	7	8	9
1,685	57 986	991	996	*001	*006	*011	*015	*020	*025	*030
1,686	58 035	040	045	050	055	060	065	070	075	079
1,687	084	089	094	099	104	109	114	119	124	129
1,688	133	138	143	148	153	158	163	168	173	178
1,689	182	187	192	197	202	207	212	217	222	227
1,690	231	236	241	246	251	256	261	266	270	275
1,691	280	285	290	295	300	305	309	314	319	324
1,692	329	334	339	344	348	353	358	363	368	373
1,693	378	382	387	392	397	402	407	412	416	421
1,694	426	431	436	441	446	450	455	460	465	470
1,695	474	479	484	489	494	499	504	508	513	518
1,696	523	528	532	537	542	547	552	557	561	566
1,697	571	576	581	586	590	595	600	605	610	614
1,698	619	624	629	634	638	643	648	653	658	663
1,699	667	672	677	682	687	691	696	701	706	711
1,700	715	720	725	730	734	739	744	749	754	758
1,701	763	768	773	778	782	787	792	797	801	806
1,702	811	816	821	825	830	835	840	844	849	853
1,703	859	863	868	873	878	883	887	892	897	902
1,704	906	911	916	921	926	930	935	940	945	949
1,705	954	959	963	968	973	978	982	987	992	996
1,706	59 001	006	011	015	020	025	030	034	039	043
1,707	049	053	058	063	067	077	072	082	086	091
1,708	096	101	105	110	115	119	124	129	134	138
1,709	143	148	152	157	162	167	171	176	181	185
1,710	190	195	200	204	209	214	218	223	228	232
1,711	237	242	246	251	256	261	265	270	275	279
1,712	284	289	293	298	303	307	312	317	321	326
1,713	331	335	340	345	349	354	359	363	368	373
1,714	377	382	387	391	396	401	405	410	415	419
1,715	424	429	433	438	443	447	452	457	461	466
1,716	471	475	480	485	489	494	499	503	508	512
1,717	517	522	526	531	536	540	545	550	554	559
1,718	563	568	573	577	582	587	591	596	601	605
1,719	610	614	619	624	628	633	638	642	647	651
n	0	1	2	3	4	5	6	7	8	9

P. P.

	5
1	0,5
2	1,0
3	1,5
4	2,0
5	2,5
6	3,0
7	3,5
8	4,0
9	4,5

	4
1	0,4
2	0,8
3	1,2
4	1,6
5	2,0
6	2,4
7	2,8
8	3,2
9	3,6

Vierziffrige Mantissen

Proportionalteile

N.	0	1	2	3	4	5	6	7	8	9	1	2	3	4	5	6	7	8	9
10	0000	0043	0086	0128	0170	0212	0253	0294	0334	0374	4	8	12	17	21	25	29	33	37
11	0414	0453	0492	0531	0569	0607	0645	0682	0719	0755	4	8	11	15	19	23	27	30	34
12	0792	0828	0864	0899	0934	0969	1004	1038	1072	1106	3	7	10	14	17	21	24	28	31
13	1139	1173	1206	1239	1271	1303	1335	1367	1399	1430	3	6	10	13	16	19	23	26	29
14	1461	1492	1523	1553	1584	1614	1644	1673	1703	1732	3	6	9	12	15	18	21	24	27
15	1761	1790	1818	1847	1875	1903	1931	1959	1987	2014	3	6	8	11	14	17	20	22	25
16	2041	2068	2095	2122	2148	2175	2201	2227	2253	2279	3	5	8	11	13	16	18	21	24
17	2304	2330	2355	2380	2405	2430	2455	2480	2504	2529	2	5	7	10	12	15	17	20	22
18	2553	2577	2601	2625	2648	2672	2695	2718	2742	2765	2	5	7	9	12	14	16	19	21
19	2788	2810	2833	2856	2878	2900	2923	2945	2967	2989	2	4	7	9	11	13	16	18	20
20	3010	3032	3054	3075	3096	3118	3139	3160	3181	3201	2	4	6	8	11	13	15	17	19
21	3222	3243	3263	3284	3304	3324	3345	3365	3385	3404	2	4	6	8	10	12	14	16	18
22	3424	3444	3464	3483	3502	3522	3541	3560	3579	3598	2	4	6	8	10	12	14	15	17
23	3617	3636	3655	3674	3692	3711	3729	3747	3766	3784	2	4	6	7	9	11	13	15	17
24	3802	3820	3838	3856	3874	3892	3909	3927	3945	3962	2	4	5	7	9	11	12	14	16
25	3979	3997	4014	4031	4048	4065	4082	4099	4116	4133	2	3	5	7	9	10	12	14	15
26	4150	4166	4183	4200	4216	4232	4249	4265	4281	4298	2	3	5	7	8	10	11	13	15
27	4314	4330	4346	4362	4378	4393	4409	4425	4440	4456	2	3	5	6	8	9	11	13	14
28	4472	4487	4502	4518	4533	4548	4564	4579	4594	4609	2	3	5	6	8	9	11	12	14
29	4624	4639	4654	4669	4683	4698	4713	4728	4742	4757	1	3	4	6	7	9	10	12	13
30	4771	4786	4800	4814	4829	4843	4857	4871	4886	4900	1	3	4	6	7	9	10	11	13
31	4914	4928	4942	4955	4969	4983	4997	5011	5024	5038	1	3	4	6	7	8	10	11	12
32	5051	5065	5079	5092	5105	5119	5132	5145	5159	5172	1	3	4	5	7	8	9	11	12
33	5185	5198	5211	5224	5237	5250	5263	5276	5289	5302	1	3	4	5	6	8	9	10	12
34	5315	5328	5340	5353	5366	5378	5391	5403	5416	5428	1	3	4	5	6	8	9	10	11
35	5441	5453	5465	5478	5490	5502	5514	5527	5539	5551	1	2	4	5	6	7	9	10	11
36	5563	5575	5587	5599	5611	5623	5635	5647	5658	5670	1	2	4	5	6	7	8	10	10
37	5682	5694	5705	5717	5729	5740	5752	5763	5775	5786	1	2	3	5	6	7	8	9	10
38	5798	5809	5821	5832	5843	5855	5866	5877	5888	5899	1	2	3	5	6	7	8	9	10
39	5911	5922	5933	5944	5955	5966	5977	5988	5999	6010	1	2	3	4	5	7	8	9	10
40	6021	6031	6042	6053	6064	6075	6085	6096	6107	6117	1	2	3	4	5	6	8	9	10
41	6128	6138	6149	6160	6170	6180	6191	6201	6212	6222	1	2	3	4	5	6	7	8	9
42	6232	6243	6253	6263	6274	6284	6294	6304	6314	6325	1	2	3	4	5	6	7	8	9
43	6335	6345	6355	6365	6375	6385	6395	6405	6415	6425	1	2	3	4	5	6	7	8	9
44	6435	6444	6454	6464	6474	6484	6493	6503	6513	6522	1	2	3	4	5	6	7	8	9
45	6532	6542	6551	6561	6571	6580	6590	6599	6609	6618	1	2	3	4	5	6	7	8	9
46	6628	6637	6646	6656	6665	6675	6684	6693	6702	6712	1	2	3	4	5	6	7	7	8
47	6721	6730	6739	6749	6758	6767	6776	6785	6794	6803	1	2	3	4	5	5	6	7	8
48	6812	6821	6830	6839	6848	6857	6866	6875	6884	6893	1	2	3	4	4	5	6	7	8
49	6902	6911	6920	6928	6937	6946	6955	6964	6972	6981	1	2	3	4	4	5	6	7	8
50	6990	6998	7007	7016	7024	7033	7042	7050	7059	7067	1	2	3	3	4	5	6	7	8
51	7076	7084	7093	7101	7110	7118	7126	7135	7143	7152	1	2	3	3	4	5	6	7	8
52	7160	7168	7177	7185	7193	7202	7210	7218	7226	7235	1	2	2	3	4	5	6	7	7
53	7243	7251	7259	7267	7275	7284	7292	7300	7308	7316	1	2	2	3	4	5	6	6	7
54	7324	7332	7340	7348	7356	7364	7372	7380	7388	7396	1	2	2	3	4	5	6	6	7
55	7404	7412	7419	7427	7435	7443	7451	7459	7466	7474	1	2	2	3	4	5	5	6	7
N.	0	1	2	3	4	5	6	7	8	9	1	2	3	4	5	6	7	8	9

N.	0	1	2	3	4	5	6	7	8	9	1	2	3	4	5	6	7	8	9
55	7404	7412	7419	7427	7435	7443	7451	7459	7466	7474	1	2	2	3	4	5	5	6	7
56	7482	7490	7497	7505	7513	7520	7528	7536	7543	7551	1	2	2	3	4	5	5	6	7
57	7559	7566	7574	7582	7589	7597	7604	7612	7619	7627	1	2	2	3	4	5	5	6	7
58	7634	7642	7649	7657	7664	7672	7679	7686	7694	7701	1	1	2	3	4	4	5	6	7
59	7709	7716	7723	7731	7738	7745	7752	7760	7767	7774	1	1	2	3	4	4	5	6	7
60	7782	7789	7796	7803	7810	7818	7825	7832	7839	7846	1	1	2	3	4	4	5	6	6
61	7853	7860	7868	7875	7882	7889	7896	7903	7910	7917	1	1	2	3	4	4	5	6	6
62	7924	7931	7938	7945	7952	7959	7966	7973	7980	7987	1	1	2	3	3	4	5	6	6
63	7993	8000	8007	8014	8021	8028	8035	8041	8048	8055	1	1	2	3	3	4	5	5	6
64	8062	8069	8075	8082	8089	8096	8102	8109	8116	8122	1	1	2	3	3	4	5	5	6
65	8129	8136	8142	8149	8156	8162	8169	8176	8182	8189	1	1	2	3	3	4	5	5	6
66	8195	8202	8209	8215	8222	8228	8235	8241	8248	8254	1	1	2	3	3	4	5	5	6
67	8261	8267	8274	8280	8287	8293	8299	8306	8312	8319	1	1	2	3	3	4	5	5	6
68	8325	8331	8338	8344	8351	8357	8363	8370	8376	8382	1	1	2	3	3	4	4	5	6
69	8388	8395	8401	8407	8414	8420	8426	8432	8439	8445	1	1	2	2	3	4	4	5	6
70	8451	8457	8463	8470	8476	8482	8488	8494	8500	8506	1	1	2	2	3	4	4	5	6
71	8513	8519	8525	8531	8537	8543	8549	8555	8561	8567	1	1	2	2	3	4	4	5	5
72	8573	8579	8585	8591	8597	8603	8609	8615	8621	8627	1	1	2	2	3	4	4	5	5
73	8633	8639	8645	8651	8657	8663	8669	8675	8681	8686	1	1	2	2	3	4	4	5	5
74	8692	8698	8704	8710	8716	8722	8727	8733	8739	8745	1	1	2	2	3	4	4	5	5
75	8751	8756	8762	8768	8774	8779	8785	8791	8797	8802	1	1	2	2	3	3	4	5	5
76	8808	8814	8820	8825	8831	8837	8842	8848	8854	8859	1	1	2	2	3	3	4	5	5
77	8865	8871	8876	8882	8887	8893	8899	8904	8910	8915	1	1	2	2	3	3	4	4	5
78	8921	8927	8932	8938	8943	8949	8954	8960	8965	8971	1	1	2	2	3	3	4	4	5
79	8976	8982	8987	8993	8998	9004	9009	9015	9020	9025	1	1	2	2	3	3	4	4	5
80	9031	9036	9042	9047	9053	9058	9063	9069	9074	9079	1	1	2	2	3	3	4	4	5
81	9085	9090	9096	9101	9106	9112	9117	9122	9128	9133	1	1	2	2	3	3	4	4	5
82	9138	9143	9149	9154	9159	9165	9170	9175	9180	9186	1	1	2	2	3	3	4	4	5
83	9191	9196	9201	9206	9212	9217	9222	9227	9232	9238	1	1	2	2	3	3	4	4	5
84	9243	9248	9253	9258	9263	9269	9274	9279	9284	9289	1	1	2	2	3	3	4	4	5
85	9294	9299	9304	9309	9315	9320	9325	9330	9335	9340	1	1	2	2	3	3	4	4	5
86	9345	9350	9355	9360	9365	9370	9375	9380	9385	9390	1	1	2	2	3	3	4	4	5
87	9395	9400	9405	9410	9415	9420	9425	9430	9435	9440	0	1	1	2	2	3	3	4	4
88	9445	9450	9455	9460	9465	9469	9474	9479	9484	9489	0	1	1	2	2	3	3	4	4
89	9494	9499	9504	9509	9513	9518	9523	9528	9533	9538	0	1	1	2	2	3	3	4	4
90	9542	9547	9552	9557	9562	9566	9571	9576	9581	9586	0	1	1	2	2	3	3	4	4
91	9590	9595	9600	9605	9609	9614	9619	9624	9628	9633	0	1	1	2	2	3	3	4	4
92	9638	9643	9647	9652	9657	9661	9666	9671	9675	9680	0	1	1	2	2	3	3	4	4
93	9685	9689	9694	9699	9703	9708	9713	9717	9722	9727	0	1	1	2	2	3	3	4	4
94	9731	9736	9741	9745	9750	9754	9759	9763	9768	9773	0	1	1	2	2	3	3	4	4
95	9777	9782	9786	9791	9795	9800	9805	9809	9814	9818	0	1	1	2	2	3	3	4	4
96	9823	9827	9832	9836	9841	9845	9850	9854	9859	9863	0	1	1	2	2	3	3	4	4
97	9868	9872	9877	9881	9886	9890	9894	9899	9903	9908	0	1	1	2	2	3	3	4	4
98	9912	9917	9921	9926	9930	9934	9939	9943	9948	9952	0	1	1	2	2	3	3	4	4
99	9956	9961	9965	9969	9974	9978	9983	9987	9991	9996	0	1	1	2	2	3	3	3	4
100	00000	00043	00087	00130	00173	00217	00260	00303	00346	00389	4	9	13	17	22	26	30	35	39
N.	0	1	2	3	4	5	6	7	8	9	1	2	3	4	5	6	7	8	9

N.	L. 0	1	2	3	4	5	6	7	8	9	1	2	3	4	5	6	7	8	9
100	00 000	043	087	130	173	217	260	303	346	389	4	9	13	17	22	26	30	35	39
101	432	475	518	561	604	647	689	732	775	817	4	9	13	17	21	26	30	34	39
102	860	903	945	988	*030	*072	*115	*157	*199	*242	4	9	13	17	21	26	30	34	39
103	01 284	326	368	410	452	494	536	578	620	662	4	8	13	17	21	25	29	34	38
104	703	745	787	828	870	912	953	995	*036	*078	4	8	13	17	21	25	29	33	38
105	02 119	160	202	243	284	325	366	407	449	490	4	8	12	16	21	25	29	33	37
106	531	572	612	653	694	735	776	816	857	898	4	8	12	16	20	24	28	32	36
107	938	979	*019	*060	*100	*141	*181	*222	*262	*302	4	8	12	16	20	24	28	32	36
108	03 342	383	423	463	503	543	583	623	663	703	4	8	12	16	20	24	28	32	36
109	743	782	822	862	902	941	981	*021	*060	*100	4	8	12	16	20	24	28	32	36
110	04 139	179	218	258	297	336	376	415	454	493	4	8	12	16	20	24	28	31	36
111	532	571	610	650	689	727	766	805	844	883	4	8	12	16	20	23	27	31	35
112	922	961	999	*038	*077	*115	*154	*192	*231	*269	4	8	12	15	19	23	27	31	35
113	05 308	346	385	423	461	500	538	576	614	652	4	8	11	15	19	23	27	30	34
114	690	729	767	805	843	881	918	956	994	*032	4	8	11	15	19	23	27	30	34
115	06 070	108	145	183	221	258	296	333	371	408	4	8	11	15	19	23	26	30	34
116	446	483	521	558	595	633	670	707	744	781	4	7	11	15	19	22	26	30	34
117	819	856	893	930	967	*004	*041	*078	*115	*151	4	7	11	15	18	22	26	30	33
118	07 188	225	262	298	335	372	408	445	482	518	4	7	11	15	18	22	26	29	33
119	555	591	628	664	700	737	773	809	846	882	4	7	11	14	18	22	25	29	33
120	918	954	990	*027	*063	*099	*135	*171	*207	*243	4	7	11	14	18	22	25	29	32
121	08 279	314	350	386	422	458	493	529	565	600	4	7	11	14	18	22	25	29	32
122	636	672	707	743	778	814	849	884	920	955	4	7	11	14	18	21	25	28	32
123	991	*026	*061	*096	*132	*167	*202	*237	*272	*307	4	7	11	14	18	21	25	28	32
124	09 342	377	412	447	482	517	552	587	621	656	3	7	10	14	17	21	24	28	31
125	691	726	760	795	830	864	899	934	968	*003	3	7	10	14	17	21	24	28	31
126	10 037	072	106	140	175	209	243	278	312	346	3	7	10	14	17	21	24	27	31
127	380	415	449	483	517	551	585	619	653	687	3	7	10	14	17	20	24	27	31
128	721	755	789	823	857	890	924	958	992	*025	3	7	10	14	17	20	24	27	31
129	11 059	093	126	160	193	227	261	294	327	361	3	7	10	13	17	20	23	27	30
130	394	428	461	494	528	561	594	628	661	694	3	7	10	13	17	20	23	27	30
131	727	760	793	826	860	893	926	959	992	*024	3	7	10	13	17	20	23	26	30
132	12 057	090	123	156	189	222	254	287	320	352	3	7	10	13	16	20	23	26	30
133	385	418	450	483	516	548	581	613	646	678	3	7	10	13	16	20	23	26	30
134	710	743	775	808	840	872	905	937	969	*001	3	6	10	13	16	19	23	26	29
135	13 033	066	098	130	162	194	226	258	290	322	3	6	10	13	16	19	22	26	29
136	354	386	418	450	481	513	545	577	609	640	3	6	10	13	16	19	22	26	29
137	672	704	735	767	799	830	862	893	925	956	3	6	9	13	16	19	22	25	28
138	988	*019	*051	*082	*114	*145	*176	*208	*239	*270	3	6	9	13	16	19	22	25	28
139	14 301	333	364	395	426	457	489	520	551	582	3	6	9	12	16	19	22	25	28
140	613	644	675	706	737	768	799	829	860	891	3	6	9	12	15	19	22	25	28
141	922	953	983	*014	*045	*076	*106	*137	*168	*198	3	6	9	12	15	18	22	25	28
142	15 229	259	290	320	351	381	412	442	473	503	3	6	9	12	15	18	21	24	27
143	534	564	594	625	655	685	715	746	776	806	3	6	9	12	15	18	21	24	27
144	836	866	897	927	957	987	*017	*047	*077	*107	3	6	9	12	15	18	21	24	27
145	16 137	167	197	227	256	286	316	346	376	406	3	6	9	12	15	18	21	24	27
146	435	465	495	524	554	584	613	643	673	702	3	6	9	12	15	18	21	24	27
147	732	761	791	820	850	879	909	938	967	997	3	6	9	12	15	18	21	24	27
148	17 026	056	085	114	143	173	202	231	260	289	3	6	9	12	15	17	20	23	26
149	319	348	377	406	435	464	493	522	551	580	3	6	9	12	15	17	20	23	26
150	609	638	667	696	725	754	782	811	840	869	3	6	9	12	14	17	20	23	26
N.	L. 0	1	2	3	4	5	6	7	8	9	1	2	3	4	5	6	7	8	9

N.	L.	0	1	2	3	4	5	6	7	8	9	1	2	3	4	5	6	7	8	9
150		609	638	667	696	725	754	782	811	840	869	3	6	9	12	14	17	20	23	26
151		898	926	955	984	*013	*041	*070	*099	*127	*156	3	6	9	11	14	17	20	23	26
152	18	184	213	241	270	298	327	355	384	412	441	3	6	8	11	14	17	20	23	25
153		469	498	526	554	583	611	639	667	696	724	3	6	8	11	14	17	20	23	25
154		752	780	808	837	865	893	921	949	977	*005	3	6	8	11	14	17	20	23	25
155	19	033	061	089	117	145	173	201	229	257	285	3	6	8	11	14	17	20	22	25
156		312	340	368	396	424	451	479	507	535	562	3	6	8	11	14	17	19	22	25
157		590	618	645	673	700	728	756	783	811	838	3	6	8	11	14	17	19	22	25
158		866	893	921	948	976	*003	*030	*058	*085	*112	3	5	8	11	14	16	19	22	25
159	20	140	167	194	222	249	276	303	330	358	385	3	5	8	11	14	16	19	22	25
160		412	439	466	493	520	548	575	502	629	656	3	5	8	11	14	16	19	22	24
161		683	710	737	763	790	817	844	871	898	925	3	5	8	11	13	16	19	22	24
162		952	978	*005	*032	*059	*085	*112	*139	*165	*192	3	5	8	11	13	16	19	21	24
163	21	219	245	272	299	325	352	378	405	431	458	3	5	8	11	13	16	19	21	24
164		484	511	537	564	590	617	643	669	696	722	3	5	8	11	13	16	19	21	24
165		748	775	801	827	854	880	906	932	958	985	3	5	8	11	13	16	18	21	24
166	22	011	037	063	089	115	141	167	194	220	246	3	5	8	10	13	16	18	21	23
167		272	298	324	350	376	401	427	453	479	505	3	5	8	10	13	16	18	21	23
168		531	557	583	608	634	660	686	712	737	763	3	5	8	10	13	15	18	21	23
169		789	814	840	866	891	917	943	968	994	*019	3	5	8	10	13	15	18	20	23
170	23	045	070	096	121	147	172	198	223	249	274	3	5	8	10	13	15	18	20	23
171		300	325	350	376	401	426	452	477	502	528	3	5	8	10	13	15	18	20	23
172		553	578	603	629	654	679	704	729	754	779	3	5	8	10	13	15	18	20	23
173		805	830	855	880	905	930	955	980	*005	*030	3	5	8	10	13	15	18	20	23
174	24	055	080	105	130	155	180	204	229	254	279	2	5	7	10	12	15	17	20	22
175		304	329	353	378	403	428	452	477	502	527	2	5	7	10	12	15	17	20	22
176		551	576	601	625	650	674	699	724	748	773	2	5	7	10	12	15	17	20	22
177		797	822	846	871	895	920	944	969	993	*018	2	5	7	10	12	15	17	20	22
178	25	042	066	091	115	139	164	188	212	237	261	2	5	7	10	12	15	17	20	22
179		285	310	334	358	382	406	431	455	479	503	2	5	7	10	12	15	17	20	22
180		527	551	575	600	624	648	672	696	720	744	2	5	7	10	12	14	17	19	22
181		768	792	816	840	864	888	912	935	959	983	2	5	7	10	12	14	17	19	22
182	26	007	031	055	079	102	126	150	174	198	221	2	5	7	10	12	14	17	19	21
183		245	269	293	316	340	364	387	411	435	458	2	5	7	9	12	14	17	19	21
184		482	505	529	553	576	600	623	647	670	694	2	5	7	9	12	14	16	19	21
185		717	741	764	788	811	834	858	881	905	928	2	5	7	9	12	14	16	19	21
186		951	975	998	*021	*045	*068	*091	*114	*138	*161	2	5	7	9	12	14	16	19	21
187	27	184	207	231	254	277	300	323	346	370	393	2	5	7	9	12	14	16	18	21
188		416	439	462	485	508	531	554	577	600	623	2	5	7	9	12	14	16	18	21
189		646	669	692	715	738	761	784	807	830	852	2	5	7	9	11	14	16	18	21
190		875	898	921	944	967	989	*012	*035	*058	*081	2	5	7	9	11	14	16	18	21
191	28	103	126	149	171	194	217	240	262	285	307	2	5	7	9	11	14	16	18	20
192		330	353	375	398	421	443	466	488	511	533	2	5	7	9	11	14	16	18	20
193		556	578	601	623	646	668	691	713	735	758	2	4	7	9	11	13	16	18	20
194		780	803	825	847	870	892	914	937	959	981	2	4	7	9	11	13	16	18	20
195	29	003	026	048	070	092	115	137	159	181	203	2	4	7	9	11	13	16	18	20
196		226	248	270	292	314	336	358	380	403	425	2	4	7	9	11	13	15	18	20
197		447	469	491	513	535	557	579	601	623	645	2	4	7	9	11	13	15	18	20
198		667	688	710	732	754	776	798	820	842	863	2	4	7	9	11	13	15	18	20
199		885	907	929	951	973	994	*016	*038	*060	*081	2	4	7	9	11	13	15	17	20
200	30	103	125	146	168	190	211	233	255	276	298	2	4	7	9	11	13	15	17	20
N.	L.	0	1	2	3	4	5	6	7	8	9	1	2	3	4	5	6	7	8	9

FSC
www.fsc.org
MIX
Papier | Fördert gute Waldnutzung
FSC® C083411

Zeitfracht Medien GmbH
Ferdinand-Jühlke-Straße 7
99095 Erfurt, Deutschland
produktsicherheit@kolibri360.de